非晶 Ge 基磁性半导体的磁性和电输运研究

裴娟 著

中国水利水电出版社
www.waterpub.com.cn
·北京·

内 容 提 要

本书采取非热平衡制备条件,利用磁控溅射的方法在纯氩气(Ar)以及氩氢(Ar:H)混合气体中,制备了高 FeCo 掺杂含量的非晶 Ge 基磁性半导体 $(FeCo)_xGe_{1-x}$ 薄膜以及 $(FeCo)_xGe_{1-x}/Ge$ 异质结,从磁特性和电输运特性的角度进行了研究。全书共分 9 章。第 1 章主要介绍了自旋电子学和磁性半导体的发展概况,是全书的基础。第 2 章主要介绍了本书中涉及的实验样品的制备、样品测试技术原理以及实验方法,为后续章节的数据分析提供技术支撑。第 3~8 章采取静态磁性测量和动态磁性测量相结合的方法,研究了加氢对非晶 Ge 基磁性半导体薄膜磁化强度和交换作用的影响;利用范德堡四端法测试了非晶 $(FeCo)_xGe_{1-x}$ 薄膜以及 4.0 mm×4.0 mm 方形 $(FeCo)_{0.67}Ge_{0.33}/Ge$ 异质结的电输运性质;利用两端测试法垂直结面通电流测量了 1.0 mm×1.5 mm 的 $(FeCo)_{0.67}Ge_{0.33}/Ge$ 肖特基异质结的整流效应和磁电阻效应。第 9 章为全书的总结及后续研究展望。

本书适合初步涉足自旋电子学、磁性半导体研究领域的读者阅读。

图书在版编目(CIP)数据

非晶 Ge 基磁性半导体的磁性和电输运研究/裴娟著.
—北京:中国水利水电出版社,2020.10(2021.9重印)
ISBN 978-7-5170-9017-5

Ⅰ.①非… Ⅱ.①裴… Ⅲ.①磁阻半导体—研究
Ⅳ.①TN304.7

中国版本图书馆 CIP 数据核字(2020)第 204291 号

书　名	**非晶 Ge 基磁性半导体的磁性和电输运研究** FEI JING Ge JI CIXING BANDAOTI DE CIXING HE DIAN SHUYUN YANJIU
作　者	裴娟　著
出版发行	中国水利水电出版社 (北京市海淀区玉渊潭南路 1 号 D 座　100038) 网址:www.waterpub.com.cn E-mail:sales@waterpub.com.cn 电话:(010)68367658(营销中心)
经　售	北京科水图书销售中心(零售) 电话:(010)88383994、63202643、68545874 全国各地新华书店和相关出版物销售网点
排　版	京华图文制作有限公司
印　刷	三河市元兴印务有限公司
规　格	170mm×240mm　16 开本　10.75 印张　191 千字
版　次	2020 年 12 月第 1 版　2021 年 9 月第 2 次印刷
印　数	2001—3500 册
定　价	49.00 元

凡购买我社图书,如有缺页、倒页、脱页的,本社营销中心负责调换

版权所有·侵权必究

前　言

目前，人们对自旋电子器件的研究主要有以铁磁材料为基础的研究，包括对自旋相关的 GMR（giant magnetoresistance，巨磁电阻）、TMR（tunneling magnetoresistance，隧道式磁电阻）效应的研究；以半导体材料为基础的研究，如在半导体材料中引入自旋极化电流，制备出自旋晶体管器件，以替代接近尺寸效应极限的传统半导体晶体管。截至目前，人们面临的主要问题之一就是找到居里温度高于室温的自旋极化半导体材料（本征磁性半导体），以实现自旋向非磁性半导体的高效注入，从而与目前微电子工业集成电路相兼容。

20 世纪六七十年代，天然的磁性半导体材料（第一代磁性半导体），即铕硫属化合物和半导体尖晶石被发现，但因为该材料的居里温度远低于室温、晶体生长工艺复杂、晶体结构与 Si 和 GaAs 等半导体存在较大差异、晶格不匹配等因素而被搁浅。20 世纪 80 年代，人们展开了 Mn 掺杂的 CdMnTe 和 ZnMnSe 等 II-VI 族磁性半导体材料的研究（第二代磁性半导体）。然而 II-VI 族磁性半导体材料很难掺杂成 P 型或 N 型，并且随着温度以及磁性离子浓度的变化而呈现出顺磁、自旋玻璃和反铁磁行为，许多奇特的低温磁光现象在室温下不复存在，所以没有使用价值。20 世纪 90 年代，人们利用 Mn 掺杂 III-V 族半导体制备出 InMnAs 和 GaMnAs 等磁性半导体（第三代磁性半导体）。但目前报道的 GaMnAs 居里温度仅为 200 K。2002 年，Park 等人首次利用低温分子束外延技术制备了单晶 Mn_xGe_{1-x} 磁性半导体，其居里温度随着 Mn 浓度的增加由 25 K 线性增加到 116 K；并且可以通过外加门电压调控载流子的浓度，进而调控样品的磁性，这表明 Mn_xGe_{1-x} 磁性半导体的磁性来源于自旋极化的空穴载流子，即样品是本征磁性半导体。进一步理论预期 Ge 基磁性半导体的居里温度有望达到 400 K 以上。Ge 基磁性半导体与目前工业占主流的 Si 基处理技术有很好的兼容性，并且 Ge 的高电子、高空穴迁移率也让 Ge 基磁性半导体成为制备高性能、低功耗自旋电子器件的首选。

基于以上研究现状，本书采取非热平衡制备条件，在纯氩气（Ar）以及氩氢（Ar:H）混合气体中，制备了高 FeCo 掺杂含量的 Ge 基非晶磁性半导体 $(FeCo)_xGe_{1-x}$ 薄膜和 $(FeCo)_xGe_{1-x}/Ge$ 异质结，并且从磁特性和电输运特性的角度进行了研究。

在本书的编写过程中，参考了大量国内外文献资料，同时得到了编者所在单位"山东交通学院博士科研启动基金"的资助，得到了山东交通学院理学院各位领导以及物理实验中心各位同事的大力支持，得到了中国水利水电出版社的鼎力相助，在此一一表示衷心的感谢！也向所有对本书做出贡献的同仁致以深切的谢意！

由于编者水平有限，书中难免存在表达不畅、引证遗漏等问题，敬请读者批评指正！

裴　娟

2020年5月于济南

主要符号说明

H	外磁场强度
B	磁感应强度
T	绝对温度
e	电子电荷
E_g	禁带宽度
h	普朗克常数
$\hbar$	$\hbar = \dfrac{h}{2\pi}$
M	磁化强度
m	电子静止质量
$n_{1,2}$	载流子浓度
S	总自旋,量子数
n_i	本征载流子浓度
R_H	霍尔系数
E	电场强度
M_S	饱和磁化强度
G	电导
U_H	霍尔电压
θ	半衍射角
θ_H	霍尔角

λ	自由程
μ_0	真空磁导率
μ_B	玻尔磁矩
$\mu_{1,2}$	载流子迁移率
ρ	电阻率
σ	电导率
ρ_{xy}	霍尔电阻率
σ	泡里自旋磁矩
σ_{xx}	纵向电导率
σ_{xy}	霍尔电导率
∇V	势垒梯度
R_S	反常霍尔系数
P	电子角动量
k_B	玻尔兹曼常数
B_{eff}	有效磁场
H_{Zee}	塞曼能
H_{SO}	自旋轨道耦合能
V_G	栅极电压

缩 略 词

EHE	extraordinary Hall effect	反常霍尔效应
AGM	alternating gradient magnetometer	交流梯度磁强计
TMR	tunneling magnetoresistance	隧穿磁电阻
OHE	ordinary Hall effect	常规霍尔效应
AHE	anomalous Hall effect	反常霍尔效应
GMR	giant magnetoresistance	巨磁电阻
ISHE	inverse spin Hall effect	自旋霍尔逆效应
MS	magnetic semiconductor	磁性半导体
SOC	spin-orbit coupling	自旋轨道耦合
SOI	spin-orbit interaction	自旋轨道耦合效应
SHE	spontaneous Hall effect	自发霍尔效应
SQUID	superconducting quantum interference device	超导量子干涉仪
TEM	transmission electron microscope	透射电子显微镜
DMS	diluted magnetic semiconductor	稀释磁性半导体
MBE	molecular beam epitaxy	分子束外延
PLD	pulsed laser deposition	激光脉冲沉积
XPS	X-ray photoelectron spectroscopy	X射线光电子能量
IR	infrared radiation	红外辐射
FMR	ferromagnetic resonance	铁磁共振
XRD	X-ray diffraction	X射线衍射
PVD	physical vapor deposition	物理气相沉积
CVD	chemical vapor deposition	化学气相沉积

目 录

前言
主要符号说明
缩略词

第1章 绪论 ··· 1
1.1 自旋电子学 ·· 1
1.1.1 自旋轨道耦合 ··· 7
1.1.2 自旋电子器件 ·· 10
1.2 磁性半导体 ··· 15
1.2.1 Si 基磁性半导体 ··· 18
1.2.2 Ge 基磁性半导体 ·· 20
1.2.3 氢化磁性半导体 ··· 27
1.2.4 磁性半导体潜在的应用 ·· 31
1.3 反常霍尔效应 ·· 32
1.4 研究动机和内容 ··· 37
1.5 技术路线 ··· 38

第2章 样品的制备技术和表征方法 ··· 40
2.1 样品制备技术 ·· 40
2.1.1 薄膜技术 ·· 40
2.1.2 磁控溅射的基本原理 ··· 40
2.1.3 磁控溅射仪简介 ··· 45
2.2 样品的测试分析仪器及原理 ·· 46
2.2.1 X 射线衍射仪 ·· 46
2.2.2 X 射线光电子能谱仪 ·· 47
2.2.3 红外光谱 ·· 48
2.2.4 透射电子显微镜 ··· 49
2.2.5 交流梯度磁强计 ··· 52
2.2.6 超导量子干涉仪 ··· 53
2.2.7 铁磁共振 ·· 56

2.3　本章小结 ··· 58

第3章　非晶FeCoGe-H及FeCoGe薄膜的制备及成分分析 ············· 59
　　3.1　引言 ··· 59
　　3.2　薄膜的制备与结构表征 ··· 60
　　　　3.2.1　薄膜的制备 ··· 60
　　　　3.2.2　成分及结构分析 ··· 61
　　3.3　本章小结 ·· 69

第4章　非晶FeCoGe-H薄膜静态磁性测量及分析 ····················· 71
　　4.1　引言 ··· 71
　　4.2　磁化曲线和磁滞回线简介 ·· 71
　　4.3　自旋波理论 ··· 72
　　4.4　实验结果与分析 ··· 73
　　　　4.4.1　非晶$(FeCo)_xGe_{1-x}$薄膜的磁化曲线的测量 ············· 74
　　　　4.4.2　非晶$(FeCo)_xGe_{1-x}$-H薄膜的磁化曲线的测量 ········· 75
　　　　4.4.3　磁化强度与温度的依赖关系 ···························· 77
　　　　4.4.4　纵向电阻率的测量 ·· 81
　　　　4.4.5　霍尔效应的测量 ··· 82
　　4.5　本章小结 ·· 85

第5章　非晶FeCoGe-H薄膜动态磁性测量及分析 ····················· 86
　　5.1　引言 ··· 86
　　5.2　一致进动模式 ·· 87
　　5.3　实验结果与分析 ··· 89
　　　　5.3.1　自旋波共振场H_r与角度θ_H的依赖关系 ················ 89
　　　　5.3.2　自旋波劲度系数的定量研究 ···························· 92
　　　　5.3.3　分析与讨论 ··· 96
　　5.4　本章小结 ·· 98

第6章　非晶FeCoGe薄膜的电输运性质 ································ 99
　　6.1　引言 ··· 99
　　6.2　实验结果与分析 ··· 100
　　　　6.2.1　非晶FeCoGe薄膜的霍尔效应 ························ 100
　　　　6.2.2　非晶FeCoGe薄膜的纵向电阻率 ····················· 105
　　　　6.2.3　非晶FeCoGe薄膜霍尔电阻率与纵向电阻率的关联 ····· 106
　　6.3　非晶FeCoGe薄膜磁电阻 ·· 111
　　6.4　本章小结 ··· 111

第 7 章 $(FeCo)_{0.67}Ge_{0.33}/Ge$ 异质结的非线性霍尔效应 ………… 113
7.1 引言 …………………………………………………… 113
7.2 Rashba 自旋轨道耦合 …………………………………… 114
7.3 双带模型简介 …………………………………………… 115
7.4 $(FeCo)_{0.67}Ge_{0.33}/Ge$ 异质结的制备和表征 ……………… 117
7.5 实验结果及讨论 ………………………………………… 118
7.5.1 $(FeCo)_{0.67}Ge_{0.33}/Ge$ 异质结的霍尔效应 …………… 118
7.5.2 $(FeCo)_{0.67}Ge_{0.33}/Ge$ 异质结纵向电导率 …………… 122
7.5.3 $(FeCo)_{0.67}Ge_{0.33}/Ge$ 异质结的磁电阻 …………… 123
7.5.4 双带模型拟合 …………………………………… 124
7.6 非磁性 GeAl/Ge 异质结霍尔效应 ……………………… 128
7.7 本章小结 ………………………………………………… 131

第 8 章 FeCoGe/Ge 肖特基异质结中的整流磁电阻效应 …………… 133
8.1 引言 …………………………………………………… 133
8.2 肖特基异质结的制备和表征 …………………………… 135
8.3 讨论与分析 ……………………………………………… 140
8.4 本章小结 ………………………………………………… 142

第 9 章 总结 …………………………………………………………… 143

参考文献 ………………………………………………………………… 145

第 1 章

绪 论

1.1 自旋电子学

自旋电子学 (spintronics) 又被称为磁电子学，是一门新兴的学科和技术。1897 年，汤姆逊通过实验发现电子。从此以后，人们知道电子具有电荷属性，每一个电子都携带一定的电量，即基本电荷 ($e = 1.602\,18 \times 10^{-19}$ C)。1925 年，乌伦贝克与古兹米特根据施特恩-盖拉斯实验结果以及碱金属双线实验和反常塞曼效应实验，提出了电子自旋的概念，并且指出电子具有固有的自旋角动量 S，它在 z 方向有两个分量。自此人们认识到电子除了具有电荷属性外，同时还具有自旋属性。

虽然电子的电荷属性和自旋属性很早就被人们熟知，但是一直以来，电子的电荷属性和自旋属性是被独立应用的。例如，在传统微电子工业中，半导体器件主要利用电子的电荷属性进行信息的处理与传输；在传统磁记录器件中，主要利用磁性材料中电子的自旋属性实现信息的记录与存储。随着科技的发展，电子元器件的集成度越来越高，导致传统微电子学技术在逐步快速地接近量子相干效应的极限，量子效应对电子设备元器件的设计是极大的挑战。当人们试图突破尺寸效应瓶颈，找到新制备技术、新材料、新构形设计的时候，很自然地就想到是否可以同时利用电子的电荷和自旋两个自由度，即将逻辑与记忆整合在一个元器件或一个芯片上，以便同时进行大规模的信息处理和信息存储[1-3]，从而进一步提高电子设备的性能，如提高处理速度、降低功耗、提高集成容量以及具有非挥发性的储存方式等，在此背景下，自旋电子学应运而生。电子电荷和自旋属性共存的自旋电子学示意图如图 1-1 所示。

过去的几十年中，自旋电子学一直是凝聚态物理、信息科学以及新材料科学等研究领域中的热点方向。巨磁电阻效应、庞磁电阻效应、隧穿磁电阻效

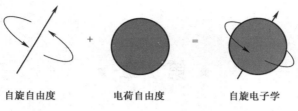

图 1-1 电子电荷和自旋属性共存的自旋电子学示意图

应、磁性半导体、电场调控磁性、自旋霍尔效应、自旋转矩效应、自旋轨道矩效应、自旋泵浦效应、自旋整流、自旋塞贝克效应、反常量子霍尔效应等相继被发现，引起了人们在自旋电子学领域内广泛的研究热潮。基于自旋电子学研究，人们提出了自旋场效应晶体管、磁随机存储器、赛道存储器、自旋逻辑器件、磁电阻逻辑器件等新型自旋电子学器件。这些器件打破了传统微电子器件的限制，有望成为高性能、低功耗和高集成度的新一代信息技术的核心。图 1-2 给出自旋电子学应用及前景树图[4]。

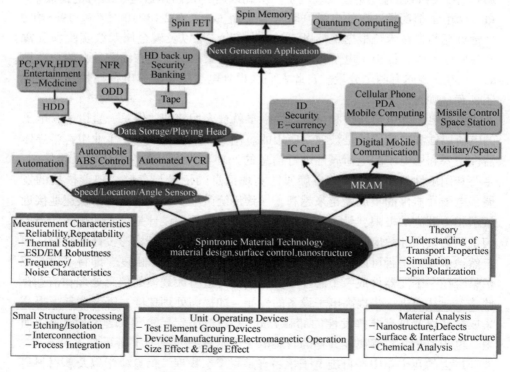

图 1-2 自旋电子学应用及前景树图

自旋电子学的研究始于巨磁电阻（giant magnetoresistance，GMR）效应的发现。巨磁电阻效应是指磁性材料的电阻率在有外磁场作用时较之无外磁场作用时发生巨大变化的现象，它是一种量子力学和凝聚态物理学现象，在磁性材料和非磁性材料交替叠合的超晶格薄膜中可以观察到。超结构薄膜的电阻值与其中铁磁层的磁矩方向有关，因为外加磁场可以很容易控制铁磁层的磁矩方向，所以超结构薄膜的电阻率在外磁场作用下发生显著变化。磁电阻效应具有丰富的物理内涵并且在磁传感器和磁存储领域有巨大的应用价值，因此一直是自旋电子学的研究热点。例如，基于巨磁电阻效应和隧穿磁电阻效应的磁读头极大提高了计算机硬盘的存储密度。磁电阻效应种类多样，机理丰富，按照产生机理的不同磁电阻可以分为正常磁电阻、各向异性磁电阻、巨磁电阻、隧穿磁电阻、庞磁电阻、铁磁半导体中磁电阻、非磁半导体中异常磁电阻、自旋霍尔磁电阻、二极管辅助增强的磁电阻等。

巨磁电阻效应的发现始于德国物理学家 Peter Grünberg 和法国物理学家 Albert Fert 教授各自独立的研究工作。1986年，Grünberg 教授采用分子束外延技术制备了铁-铬-铁（Fe/Cr/Fe）三明治结构的单晶薄膜[5]，首次在 Fe/Cr/Fe 三层膜中发现两侧 Fe 磁层通过中间的反铁磁 Cr 层发生间接的反铁磁交换耦合。实验中逐步减小薄膜上的外磁场直至为 0，发现薄膜两边的铁磁层磁矩从彼此平行态转变为反平行态。研究发现对于非铁磁层铬（Cr）的某个特定厚度，在外磁场为 0 时，两边铁磁层的磁矩是反平行的。并且反平行时是高电阻状态，平行时对应的是低电阻状态。Grünberg 教授发现 Fe(12 nm)/Cr(1 nm)/Fe(12 nm) 三明治结构的室温磁电阻高达 1.5%，远大于 25 nm Fe 的各向异性磁电阻（anisotropic magnetoresistance，AMR）。铁-铬-铁（Fe/Cr/Fe）三明治结构示意图如图 1-3 所示。

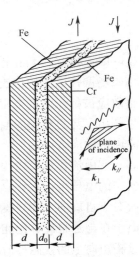

图 1-3 铁-铬-铁 (Fe/Cr/Fe) 三明治结构示意图

1988年，Fert 教授研究小组利用分子束外延（moleeulav beamepitaxy，MBE）技术生长了 Fe/Cr 多层超晶格[6]，发现在 Fe/Cr 多层超晶格样品中，其低温磁电阻高达 50%，室温磁电阻高达 17%，并将其命名为巨磁阻效应。Fe/Cr 超晶格中巨磁电阻效应如图 1-4 所示。由于层间反铁磁耦合的存在，Fe/Cr 超晶格样品中相邻铁磁层的磁矩在零磁场下表现为反平行排列，当外加磁场大到一定程度时，铁磁层的磁矩转为平行排列。图 1-4 中，在外加磁场为 2 T 时，(Fe 30Å/Cr 9Å)$_{60}$ 超晶格样品铁磁层磁矩表现为平行排列。

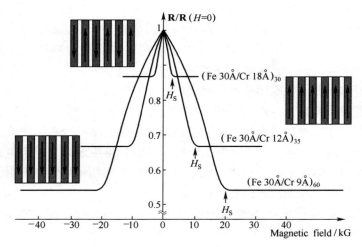

图 1-4　Fe/Cr 超晶格中巨磁电阻效应

Grünberg 教授和 Fert 教授都将这种现象归因于自旋相关的电子输运现象，即利用磁场调控电子的自旋，进一步来调控电子电荷的输运。这种自旋相关的磁电阻效应被称作巨磁电阻效应。在巨磁电阻效应发现的第 10 年，IBM 公司宣布生产出了与之相关的商业用磁硬盘读出头。Grünberg 教授和 Fert 教授由于在巨磁电阻效应方面的巨大贡献共同获得了 2007 年的诺贝尔物理学奖。

Mott 双电流模型可以很好地解释 GMR 效应。Mott 的假设主要有两点：一是金属中的电导可以看作自旋向上和自旋向下的两个独立的导电通道；二是铁磁金属对于自旋向上和自旋向下电子的散射强度不同，即散射是自旋相关的。输运电子在与之自旋方向相反的铁磁层中受到的散射较强，即自旋向下的电子在经过磁矩向上的铁磁层时受到的散射更强，表现为电阻大；相反，输运电子在与之自旋方向相同的铁磁层中受到的散射较弱，即自旋向下的电子在经过磁矩向下的铁磁层时受到的散射更弱，表现为电阻小。

如图 1-5 所示，当两个铁磁层磁矩平行排列时，自旋向上电子经过两层铁磁层时受到的散射都很小，而自旋向下的电子经过两层铁磁层时受到的散射都很大，最终总电阻阻值为 R_P，$R_P = \dfrac{2R_\uparrow R_\downarrow}{R_\uparrow + R_\downarrow}$，即在外磁场足够大使各磁层都沿着外磁场方向平行排列，导致多层膜整体表现为低阻态。当两个铁磁层反平行排列的时候，自旋向上或向下的电子总是在其中一层受到铁磁层强的自旋散射，最终总电阻为 R_{AP}，$R_{AP} = \dfrac{R_\uparrow + R_\downarrow}{2}$，即当外磁场为 0 时，相邻磁层的磁矩反平行排列，器件电阻处于高阻态。

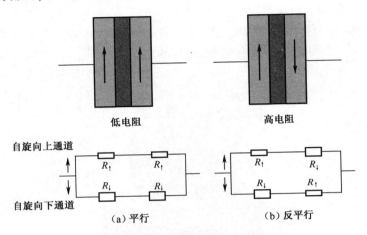

图 1-5　GMR 效应的电阻模型示意图

在巨磁电阻效应的基础上，人们很快提出自旋相关的输运结构自旋阀（GMR 基器件），如图 1-6 所示[7]。两个铁磁层中间夹杂一层金属导体（例如铜），在上铁磁层的上面覆盖一反铁磁层，用来"钉扎"该铁磁层的磁矩，使该铁磁层的磁矩方向不易受外磁场的影响；下铁磁层是"自由"层，其磁矩方向受外加磁场的调控。当外加磁场 $H = 10 \sim 30$ Oe 时，上、下两铁磁层的磁矩方向就会由平行排列变为反平行排列，自旋阀的电阻一般增加 5%～10%。

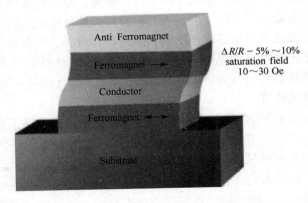

图 1-6　自旋相关的输运结构（自旋阀）示意图

在自旋阀的基础上,人们提出磁隧道结(magnetic tunnel junction,MTJ)结构,如图 1-7 所示[7]。该结构包含上面的钉扎层(由夹有一薄层 Ru 的两铁磁层,以及顶层的反铁磁层一起构成强反铁磁耦合结构)、下面的铁磁"自由"层和中间的薄绝缘层(一般为 Al_2O_3,作为势垒层)。垂直界面方向通过隧道结的电流,称为隧穿电流。当上、下铁磁层的磁矩方向由平行排列变成反平行排列时,隧穿电阻一般会增加 20%~50%。

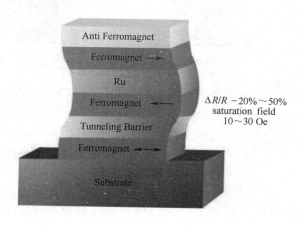

图 1-7 自旋相关的输运结构(磁隧道结)示意图

随后,人们以极大的热情来研究铁磁性材料中的电子自旋对电子电荷输运的影响,其核心内容是研究如何有效地、精确地操控电子自旋自由度,以实现高密度信息的存储、传输和处理,最终得到高速、低耗、非易失性的新型自旋电子学器件。目前,人们对自旋电子学器件的研究,主要包含以下两方面:一是以铁磁材料为基础的研究,主要包括对自旋相关的巨磁电阻效应,隧穿磁电阻效应的研究,如已经商用的磁传感器、磁随机存储器、硬盘的读头、电隔离器等;二是以半导体材料为基础的研究,如在半导体材料中引入自旋极化电流,以期实现自旋晶体管(spin transistors)器件,以此替代接近尺寸效应极限的传统半导体晶体管。

近年来,自旋电子学相关的材料及其物理效应的研究推动了新型自旋电子学器件的发展和广泛应用。常见磁电阻效应的典型数值及其对应的自旋电子学器件应用,如图 1-8 所示[8]。

截至目前,虽然人们已经提出多种方案试图实现这类器件的应用,并且在自旋极化电流的注入、输运以及探测等方面也取得一些进展,但是要真正实现基于半导体材料的自旋电子学器件的广泛应用,人们还面临着很多问题,问题之一就是找到或制备出居里温度高于室温的自旋极化半导体材料(本征磁性

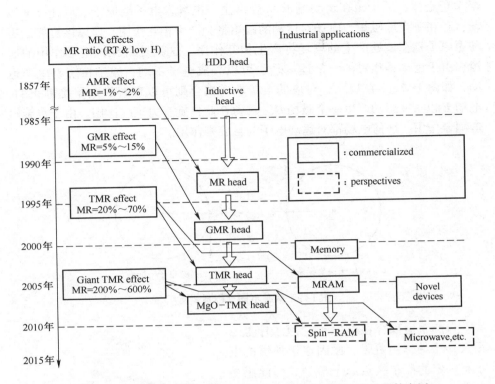

图1-8 常见磁电阻效应的典型数值及其对应的自旋电子学器件应用

半导体),以实现自旋向非磁性半导体的高效注入,或者直接与目前微电子工业集成电路相兼容。

1.1.1 自旋轨道耦合

随着自旋电子学的迅猛发展,自旋轨道耦合效应(spin-orbit interaction, SOI)越来越受到人们的广泛关注,自旋轨道耦合效应引起了各种新奇的物理现象,如自旋霍尔效应、自旋场效应晶体管、低损耗的自旋、自旋量子计算等。自旋轨道耦合作用提供了一种全电学(不需要外磁场或磁性材料)的方法控制自旋,随着理论研究的深入和实验技术的发展,基于自旋轨道耦合效应的各种电子器件层出不穷,这必将会带来更大的实际应用价值。

从本质上讲,自旋轨道耦合就是外电场对运动自旋磁矩的作用,同时也是一个相对论的效应。众所周知,电场对运动的电荷既有静电力的作用也有磁场力的作用。反过来,磁场对运动的电荷也有力的作用。电场对静止磁矩无相互作用,电场对运动磁矩有力矩作用。图1-9(a)表示的是原子核坐标系,根据库仑定律，原子核在运动电子$-e$处产生一电场，电子绕原子核以速度v运动，存在一自旋磁矩，电场对运动的磁矩将会产生相互作用，所以该自旋磁矩和由原子核在该处产生的电场将产生相互作用，这就是自旋轨道互作用的起源。由于运动是相对的，上述运动也可以看成电子不动，原子核绕着电子运动，如图1-9（b）所示，对应的自旋轨道耦合则可以理解成电子是静止的，电场E以$-v$运动产生一个磁场B，磁场B对自旋有力矩的作用。由于自旋轨道耦合作用，任何电场都对运动电子的自旋有作用。

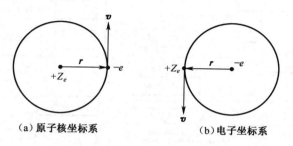

(a) 原子核坐标系　　　　(b) 电子坐标系

图1-9　两种不同坐标系示意图

自旋轨道耦合在重原子（原子序数Z很大）中的作用更强，原因在于外层的电子有一定的概率接近原子核，并因此感受到中心未被屏蔽的核电荷$+Z_e$所产生的强电场。电子包括电荷和自旋两个自由度，电子的磁性包括电子的自旋磁矩和电子的轨道磁矩。在量子力学里，自旋轨道相互作用是指自旋角动量和轨道角动量之间的耦合作用。自旋轨道相互作用将自旋与晶格耦合起来，使得它们可以交换能量和角动量。T. Kuschel认为自旋轨道耦合像一个枢纽把电荷与自旋两个自由度紧紧地捆绑在一起，如图1-10所示[9,10]。

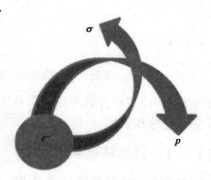

图1-10　自旋轨道相互作用示意图

自旋轨道耦合是相对论量子力学的自然结果，通过狄拉克方程的非相对论极限可以得出电子自旋-轨道耦合能H_{SO}，其哈密顿量表达式为[11]

$$H_{SO} = -\frac{1}{4m^2c^2}(\boldsymbol{\sigma} \times \boldsymbol{P}) \times \nabla V \tag{1-1}$$

其中，m，c，$\boldsymbol{\sigma}$和$\boldsymbol{P}$分别为电子的质量、光速、泡利自旋磁矩以及电子的角动量；∇V为电势梯度。当具有动量$\boldsymbol{P}$的电子在垂直于磁场$\boldsymbol{B}$的方向运动时，电

子将受到垂直于电子运动方向的洛伦兹力的作用,公式如下:

$$F = -\frac{e}{m}(P \times B) \quad (1-2)$$

电子磁矩在这个磁场中的塞曼能为

$$H_{Zee} = \pm \mu_B \cdot B \quad (1-3)$$

与此类似,当具有动量 P 的电子在电场 E 中运动时,在静止坐标系下运动的电子将产生一个正比于电场的有效磁场

$$B_{eff} \sim \frac{1}{mc^2}(E \times P) \quad (1-4)$$

该有效磁场产生一个与动量有关的塞曼能,称该塞曼能为自旋轨道耦合能,数学表达式为

$$H_{SO} \sim \frac{1}{mc^2}\mu_B(E \times P) \cdot \sigma \quad (1-5)$$

由于电场是具有电势梯度的场

$$E = -\nabla V \quad (1-6)$$

所以自旋轨道耦合场为[10]

$$H_{SO} \sim \frac{1}{mc^2}\mu_B(\nabla V \times P) \quad (1-7)$$

自旋轨道耦合效应在半导体自旋电子学领域有很多具体应用。实际研究中根据介质材料所受力的性质和材料结构对称性可以将自旋轨道耦合效应分为 Rashba 自旋轨道耦合和 Dresselhaus 自旋轨道耦合。

固体中反演不对称的主要来源分为两种:一种是体反演不对称,源于晶体结构缺乏反演中心,如闪锌矿结构;另一种是结构反演不对称,普遍存在于表面或者界面体系,如金属薄膜表面或者半导体异质结界面。体材料反演不对称导致的自旋轨道耦合作用称为 Dresselhaus 自旋轨道耦合[12]。在三维晶体环境中,势能起源于晶体周期势。大多数多元半导体具有闪锌矿晶格结构或者铅锌矿晶格结构,二者都没有反演对称性,Dresselhaus 证明了这种体反演不对称性质会导致导带有一个自旋轨道耦合引起的劈裂而形成两个子带。在纳米结构中还存在空间反演破缺导致的自旋轨道耦合作用,Bychkov 和 Rashba 最早指出这种自旋轨道耦合[13],这种源于材料结构反演不对称引起的自旋轨道耦合作用称为 Rashba 自旋轨道耦合,它通常存在于材料的表面或者两种材料的接触界面,材料结构的非中心对称性将导致能带倾斜。

尽管自旋轨道耦合作用的物理根源都来自相对论效应,但它们对半导体能带结构的修正足以被实验观察到。自旋轨道耦合效应使得在实空间中运动的自

旋电子受到等效磁场的作用，导致电子在运动中的自旋进动。在各种模型和器件中，对这种进动规律的研究可以给自旋注入和自旋控制提供新的思路。自旋轨道耦合使电子的自旋与运动相关联，从而可以通过控制电子的自旋来影响电子的运动，同时可以利用这种关联性来调控自旋的去相干和自旋弛豫[14]。

随着科技的进步，很多由自旋轨道耦合所引起的新物理现象已被发现，并引起人们广泛的兴趣。特别是 Mu-rakami 和 Sinova 等各自独立地预言了在自旋轨道耦合体系中存在自旋霍尔效应[15,16]。Sun 等预言了另一种由于自旋轨道耦合效应所引起的新的物理现象，在仅有自旋轨道耦合而无任何磁场、磁通的介观小环中，存在纯的持续自旋流[17]。自旋电子学的主要课题之一是自旋流的产生和有效控制。Shi 等深入研究了自旋流的概念，并且对自旋流提出了新定义，解决了自旋电子学领域的一个基本问题[18]。在金属和半导体中，导带电子的自旋轨道耦合可以有效地影响电子的自旋状态，这为调控电子的自旋相干运动提供了一个有效途径。最近，理论上提出了在空穴型半导体和半导体异质结的二维电子气中，由于自旋轨道耦合作用，外电场会产生一个切向的纯自旋流，这种内在的自旋霍尔效应已经成为一个广泛的研究课题。

结合这些有趣的电磁效应，人们发现通过改变外界调控因素可以实现器件的多种性能，如通过磁场、电场、光照以及自旋极化电流等手段来调控与自旋相关的一些物理性质，制备出自旋电子器件，如图 1-11 所示[19]。

■ 1.1.2　自旋电子器件

自旋轨道耦合作用提供了一种全电学（不需要外磁场或磁性材料）的方法来操控电子的自旋属性，在自旋电子器件中具有重要的应用价值。自旋电子器件具有运行速度更快、能量消耗低、功能多、高集成的非易失性等特点，有希望取代目前的微电子器件，成为下一代信息技术的核心。制造自旋电子器件的最关键问题是在非强磁场和室温条件下，自旋极化电子的注入、产生自旋电流以及电检测。可能产生自旋电流的办法有欧姆注入、隧道注入、弹道电子注入等。目前，利用磁性半导体的独特性质，已经设计制造了三类自旋电子器件的原型。

1. 自旋发光二极管

如图 1-12 所示，在砷化镓（GaAs）发光二极管的 N 极，加一层稀磁半导体材料 BeMnZnSe[20]。外加几个特斯拉强度的磁场使 BeMnZnSe 中的电子能级产生巨塞曼分裂效应，结果是通过该层的电子大部分通过下面的能级，也就是自旋向下。自旋向下的电子和 P 极输入的自旋无规取向的空穴在砷化镓（GaAs）LED（light emitting diode，发光二极管）中复合，产生圆偏振光。通

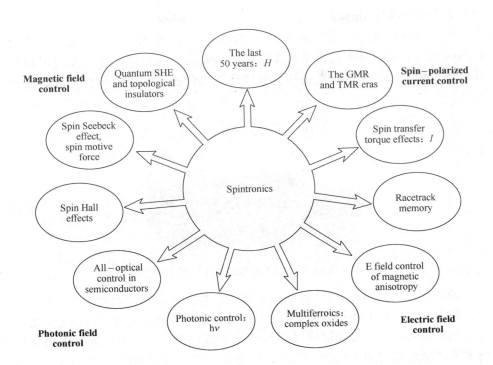

图 1-11 自旋轨道耦合相关特征概述

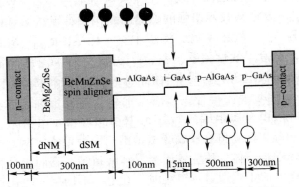

图 1-12 外加磁场作用下，自旋向下的电子和
P 极输入的空穴在 GaAs LED 中复合示意图

过测量材料发光的偏振度就能得出电子自旋的极化率。反过来，作为器件应用，加了磁场就能产生圆偏振光，不加磁场则不能。

2. 铁磁场效应晶体管

Datta 和 Das 提出自旋场效应晶体管概念[21]，如图 1-13 所示，即利用 Rashba 效应，通过外电场借助自旋轨道耦合对自旋进行调控，以实现自旋晶体管的设想。Rashba 自旋轨道耦合效应使得利用栅极电压调控自旋取向成为可能。

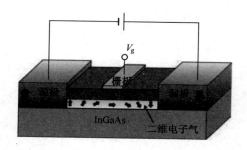

图 1-13 Datta-Das 自旋场效应晶体管模型示意图[21]

砷锰镓（GaMnAs）是一种铁磁半导体材料，它的居里温度为 110 K，理论研究发现，它的磁相互作用是通过半导体中的自由空穴实现，自由空穴浓度越高居里温度越高。将砷锰铟（InMnAs）制成场效应晶体管，通过栅极电压的变化就能控制沟道中的空穴浓度，从而改变其铁磁性质[22]，如图 1-14 所示。实验发现，在温度 $T = 22.5$ K 时，文献 [23] 中霍尔电阻 R_{Hall} 显示与磁场有关，正比于磁性半导体层的磁化率，如图 1-15 所示，当栅极电压 $V_G = 0$ 时，$R_{Hall}-B$ 曲线显示弱的磁滞回线。当栅极电压 $V_G = -125$ V 时，沟道中空穴浓度增加，$R_{Hall}-B$ 曲线显示出强的磁滞回线，表示砷锰铟材料具有强的铁磁性。当栅极电压 $V_G = +125$ V 时，沟道中空穴耗尽，$R_{Hall}-B$ 曲线没有磁滞回线，只是与磁场强度呈线性关系，表示砷锰铟材料变成顺磁材料。因此，利用这个器件在较小栅极电压的情况下就能控制材料的铁磁性。

3. 铁磁半导体隧道结

铁磁隧道结一般由金属组成，如图 1-16 所示。上、下两层是铁磁金属，中间是非磁金属。现在已经将这种磁隧道结推广到半导体，上、下两层是铁磁半导体，中间是非磁半导体，称为铁磁半导体隧道结。它们也有类似于金属磁隧道结的性质，当电流垂直通过隧道结时，在上、下两层的磁化强度是平行排列状态下，电阻 R_P 小；在上、下两层的磁化强度是反平行排列状态时，电阻 R_A 大。定义隧穿磁电阻（tunnel magnetoresistance，TMR）为

$$\text{TMR} = \frac{R_A - R_P}{R_P} = \frac{2P_1 P_2}{1 - P_1 P_2} \tag{1-8}$$

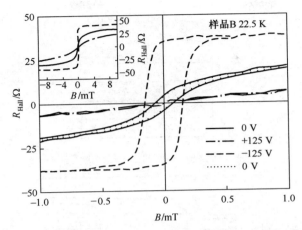

图 1-14 不同栅极电压下，InMnAs 的反常霍尔电压随外磁场变化关系

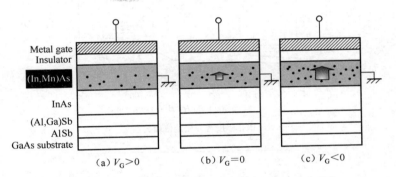

图 1-15 电场调控 InMnAs 铁磁性的原理示意图[22]

其中，P_1、P_2 分别为上、下两层的自旋极化率。

在低温下，$Ga_{1-x}Mn_xAs/AlAs/Ga_{1-x}Mn_xAs$ 隧道结的隧穿磁电阻能达到 80%[23]，并且 TMR 在势垒 AlAs 层的厚度为 1.6 nm 时达到极大。还有一种双隧道结结构 GaMnAs/AlAs/GaAs/AlAs/GaMnAs[24]，其中第一个隧道结的作用相当于弹道自旋电子注入器，第二个隧道结是用来检测积累在半导体 GaAs 的自旋电子。

因为 GaMnAs 中的空穴产生铁磁性，所以通过隧道结的是空穴电流。实验发现，在温度 $T=4$ K 以下，单隧道结的隧穿磁电阻为 38%，而双隧道结的也达到了相同的值，如图 1-17 所示。如果将双隧道结结构的中间三层 AlAs/GaAs/AlAs 看作一个单层，由于势垒宽度增加了 1 倍，则隧穿电阻应该增加 3 个数量级。但实验发现，双隧道结的电阻与单隧道结的电阻（$\sim 10^{-2}\ \Omega\cdot cm^2$）

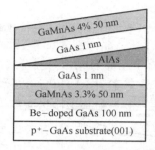

(a) $Ga_{1-x}Mn_xAs/AlAs/Ga_{1-x}Mn_xAs$ 隧道结示意图

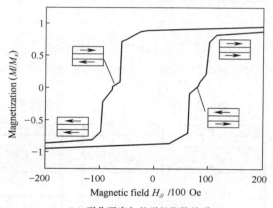

(b) 磁化强度与外磁场依赖关系

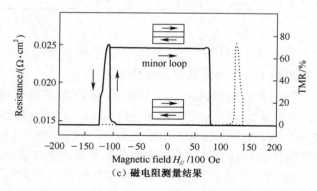

(c) 磁电阻测量结果

图 1-16　铁磁半导体隧道结[23]

接近,可以肯定这是一个逐次隧穿过程。在逐次隧穿过程中,空穴先通过第一个结,进入 GaAs 量子阱,并且在其中积累;然后再通过第二个结,隧穿至 GaMnAs 层。较大的隧穿磁电阻(约 35%)说明空穴的自旋在量子阱中仍旧保持着，它们自旋弛豫时间远大于在量子阱中的停留时间，这是第一个用电的方法来检测半导体中自旋极化的例子。

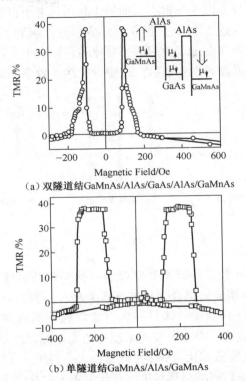

图 1-17　$T=4$ K 时，双隧道结 GaMnAs/AlAs/GaAs/AlAs/GaMnAs 和单隧道结 GaMnAs/AlAs/GaMnAs 的 TMR 的值均达到 38%[24]

1.2　磁性半导体

磁性半导体（magnetic semiconductor）是指同时具备半导体的逻辑功能和磁性材料的存储功能的一种新材料，半个多世纪以来受到广泛关注。室温下工作的磁性半导体，其物理核心是实现室温下对局域电子（d 电子）与传导电子（s，p 电子）自旋之间相互作用的调控，进而实现自旋电子器件中磁调控电、电调控磁等新颖的功能，最终实现信息处理的速度更快、能耗更低，且断电时信息不丢失。

众所周知，用作器件和集成电路的半导体，如单质半导体硅（Si）、锗

（Ge），化合物半导体砷化镓（GaAs）、碳化硅（SiC）等都不含有磁性离子或者说是非磁性的，这种半导体称为非磁性半导体[25]，如图1-18（a）所示。非磁性半导体的磁性 g 因子非常小，如果想利用其电子自旋取向，就需要非常大的外磁场来维持，这不利于工业应用。虽然磁性材料具有较高的自旋极化率，但是其晶体结构与电子工业用的半导体结构存在很大的差异，自旋在铁磁材料与半导体材料界面处发生散射，致使自旋注入效率非常低。

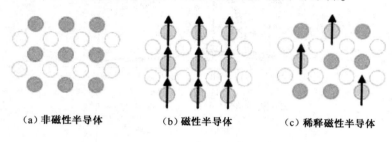

(a) 非磁性半导体　　(b) 磁性半导体　　(c) 稀释磁性半导体

图1-18　三种不同半导体示意图

20世纪六七十年代，科研人员发现了一种天然的磁性半导体材料（第一代磁性半导体），如铕硫属化合物和半导体尖晶石，它们具有周期排列的磁性元素，如图1-18（b）所示。该材料具有非常独特的物理性质，如通过磁场可以调控其带隙的宽度，很有希望用来制备磁光存储器以及磁光调制器等。同时人们对Eu基的其他硫族化合物（EuS、EuSe、EuTe）也开展了广泛的研究工作。但是，由于该材料的居里温度远低于室温，晶体制备工艺极其复杂，以及其晶体结构与Si、GaAs等半导体存在严重晶格失配等原因而被搁浅。在很长的一段时间里，磁性半导体的研究进展缓慢。后来受本征半导体可以掺杂成P型或者N型半导体的启发，科研人员试图把少量的磁性元素引入非磁性半导体中使其成为具有磁性的半导体材料，这类半导体称为稀释磁性半导体（diluted magnetic semiconductor，DMS），如图1-18（c）所示。如过渡族金属元素与Ⅱ-Ⅵ族半导体材料中阳离子具有相同的价态，因此有可能将过渡金属元素掺入Ⅱ-Ⅵ族半导体中。

同时，具有半导体带隙和铁磁金属自旋劈裂的磁性半导体是实现极化电流注入的理想材料，由于它与非磁性半导体界面具有较好的电阻和晶格匹配，理论预期通过磁性半导体/非磁性半导体异质结的自旋注入应有较高的注入效率[25,26]。而在未来的新型自旋电子器件中，如自旋场效应晶体管、自旋P-N结二极管等，利用磁性半导体实现自旋向非磁性半导体的高效注入，成为器件能够实用化的关键。因此，磁性半导体是一种具有丰富物理内涵和广阔应用前景的信息功能材料。2005 年，《科学》杂志将磁性半导体列为 125 个未解决的关键科学问题之一，寻找这种材料是一项长期而艰巨的科研任务。Web of Science 数据库中每年与磁性半导体相关的出版物数量[27]如图 1-19 所示。

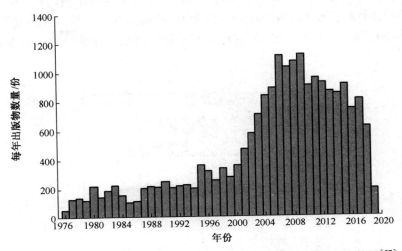

图 1-19　Web of Science 数据库中每年与磁性半导体相关的出版物数量[27]

尽管磁性半导体应用潜力巨大，但是制备出室温下实用的磁性半导体一直在探索中。目前广泛应用的半导体材料均是非磁性的，制备室温磁性半导体的难点在于磁性材料（具有室温磁性的一般都是过渡族金属）与半导体材料在热平衡状态下的固溶度太低。这不仅导致了磁性元素在半导体晶格中掺杂量很低（一般小于 10%），使得 s，p-d 相互作用很弱，很难产生本征的室温铁磁性，而且容易导致从半导体母体中析出磁性沉淀物生成非本征磁性半导体。

20 世纪 80 年代，张立纲等首次利用分子束外延方法制备出了 Mn 掺杂 CdTe 和 ZnSe 的 Ⅱ-Ⅵ族磁性半导体材料（第二代磁性半导体）。Furdyna 等在稀释磁半导体光学性质方面也做了大量的研究，稀释磁半导体再一次引起人们的关注[28]。然而这一类材料很难掺杂成 P 型和 N 型，并且该类材料中的磁交换相互作用通常表现为 Mn-Mn 局域磁矩的反铁磁交换耦合，随着温度以及磁性离子浓度的变化而呈现出顺磁、自旋玻璃和反铁磁行为。虽然人们发现了许多奇特的低温磁光性质，如巨塞曼效应、巨法拉第旋转等。但是，由于Ⅱ-Ⅵ族磁性半导体的居里温度较低，室温下这些奇特的磁光效应不复存在，所以没有室温使用价值[29]。

20 世纪 90 年代，Mn 掺杂 InMnAs[30]和 GaMnAs[31]等Ⅲ-Ⅴ族铁磁半导体的出现（第三代磁性半导体），重新激活了人们对磁性半导体的研究兴趣。不过，随后大量的实验结果表明，其居里温度仍然远低于室温，目前报道的GaMnAs 居里温度为 200 K[32]，依然无法满足室温自旋电子器件应用的需要。即便如此，第三代磁性半导体的提出，还带动了半导体自旋电子学的发展。

2000 年，Dietl 等[33]采用平均场近似理论预言了几种可能达到室温的 P 型铁磁半导体材料，如 GaN、ZnO 等，内含 5%的锰，空穴浓度为 $3.5×10^{20}$ cm^{-3}，如图 1-20 所示。寻找到合适的室温磁性半导体材料一直是科研工作者追求的目标。

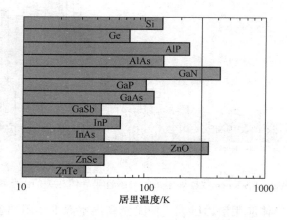

图 1-20　各种 P 型半导体居里温度计算值[33]

在目前的电子工业中，Ⅳ族半导体硅（Si）基处理技术依然占主流地位（Si CMOS 平台），所以与Ⅱ-Ⅵ族和Ⅲ-Ⅴ族磁性半导体材料的研究相比，过渡族金属元素（Mn、Fe、Co 等）掺杂Ⅳ族硅（Si）、锗（Ge）材料同样引起人们的极大关注。

▎1.2.1　Si 基磁性半导体

硅性能优越、成本低、工艺技术比较成熟，而且具有优良的半导体导电性质，禁带宽度大小适中，室温下本征电阻率高达 $2.3×10^5$ Ω·cm，掺杂后电阻率可控制在 10^4 ～ 10^{-4} Ω·cm 的范围，从而可以制造基于两种基本结构（P-N 结和 MOS 结）的各种电子器件。晶体硅通常呈正四面体结构，每个硅原子位于正四面体的顶点，并与另外 4 个硅原子以共价键紧密结合，这种结构可以延展得非常庞大，从而形成稳定的长程有序的晶格结构。除了长程有序的晶体外，短程有序的非晶硅在工业上也具有广泛应用。

硅基磁性半导体的研究一直受到人们的广泛关注，如 Appelbaum 等在

2007 年利用自旋阀晶体管实现了 Si 的自旋注入和探测工作[34]，该自旋阀晶体管仅有一层铁磁薄膜，称为热电自旋晶体管。通过掺杂铁磁性金属或者光照等方法进行自旋注入，在栅极电压的调控下进行自旋探测，Si 基自旋材料表现出磁性和半导体特性，如图 1-21 所示。Si 基自旋电子学技术为自旋电子器件的发展奠定了基础[35]。

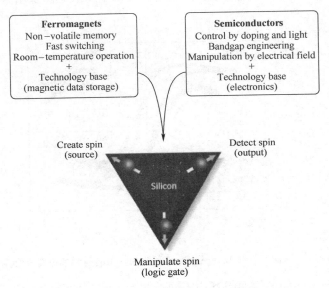

图 1-21　硅基自旋电子学的独特性质[35]

Bolduc 等利用 Mn 离子注入 Si 单晶的方法，制备了低掺的 MnSi 薄膜[36]，图 1-22 所示为 $Mn_{0.008}Si_{0.992}$ 磁滞回线。

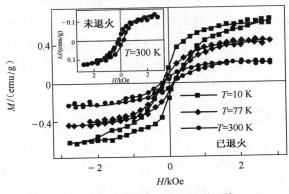

图 1-22　$Mn_{0.008}Si_{0.992}$ 磁滞回线

Aronzon 等利用激光脉冲沉积（pulsed laser deposition，PLD）方法制备了高 Mn 掺杂的 $Si_{1-x}Mn_x$（$x \approx 0.35$）薄膜[37]，室温下观察到反常霍尔效应，磁性测量结果和反常霍尔效应测量数据表明在测量温度范围内该样品的铁磁性是长程有序的；笔者认为高温铁磁序的存在，源于 Si 基质内部热自旋扰动提供的团簇间的交换耦合的增强。图 1-23 给出反常霍尔效应测量结果。

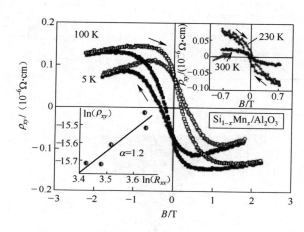

图 1-23　室温下，生长在 Al_2O_3 基底上 $Si_{1-x}Mn_x$ 薄膜的反常霍尔效应

研究至今，不同的课题组利用不同的制备方法，如分子束外延、脉冲激光沉积、离子注入、磁控溅射等，制备出了低掺杂或高掺杂的晶体或者非晶体 MnSi 薄膜，然而不同课题组给出的实验结果存在很大分歧，甚至矛盾。

自旋金属氧化物半导体场效应晶体管（metal-oxide-semiconductor field-effect transistor，MOSFET）有望取代 Si 基电子器件[38-40]，与 Si 同族的 Ge 半导体作为源极/漏极或者沟道材料已经被应用到高性能的 CMOS 器件中[41]，所以 Ge 基磁性半导体有望成为自旋 COSFETs 的铁磁性源极/漏极或者沟道材料。基于此，人们除了对 Si 基磁性半导体进行研究之外，对Ⅳ族 Ge 基磁性半导体也投入了极大的研究热情。

1.2.2　Ge 基磁性半导体

Ge 与 Si 同属于Ⅳ族元素，具有相似的电子结构，所以 Ge 基与 Si 基的超大规模集成技术具有很强的兼容性，而且锗是带隙较窄的优良半导体，在空气中比较稳定，不易氧化。硅、锗晶体的基本参数如表 1-1 所示。

表 1-1 硅、锗晶体的基本参数

晶体	带宽 E_g/eV	晶格常数 a/Å	本征载流子浓度 n_i/cm^{-3}	电子迁移率 μ_n /[cm^2/(V·s)]	空穴迁移率 μ_p /[cm^2/(V·s)]
Si	1.12	5.430	1.5×10^{10}	1 350	500
Ge	0.67	5.646	2.4×10^{13}	3 900	1 900

由表 1-1 可见，Ge 的迁移率高于 Si 的迁移率，其中 Ge 电子迁移率约是 Si 的 3 倍，空穴迁移率约是 Si 的 4 倍。另外，Ge 的熔点低，有助于降低器件的工作温度。所以在器件日趋小型化的今天，可以提高器件性能、降低器件功耗的 Ge 基磁性半导体材料又引起人们广泛的关注。

对Ⅳ族 Ge 基磁性半导体的研究始于 2002 年，Park 等首次利用低温分子束外延技术制备了外延单晶 Mn_xGe_{1-x} 磁性半导体[42]。图 1-24 ~ 图 1-26 是 Park 等的研究成果。由图 1-24 可见，其居里温度 T_c 随着 Mn 浓度的增加由 25 K 线性增加到 116 K；图 1-25 给出了 $Mn_{0.02}Ge_{0.98}$ 薄膜的磁化强度随温度的变化关系；重要的是发现载流子的浓度可以通过外加门电压调控，进而调控样品的磁性，如图 1-26 所示，这表明 Mn_xGe_{1-x} 磁性半导体的磁性来源于自旋极化的空穴载流子，即样品是本征磁性半导体。

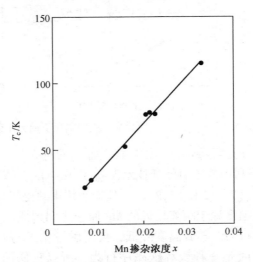

图 1-24 Mn_xGe_{1-x} 薄膜居里温度 T_c 与 Mn 掺杂浓度的关系

随后，多个课题组采取不同的制备方法，如分子束外延、脉冲激光沉积、磁控溅射、溶胶凝胶法、离子束注入等，以及不同的后期处理（如热退火）等研究手段，对具有反铁磁性的过渡族元素 Mn 共掺杂 Ge 的磁性半导体的微

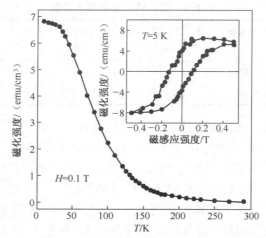

图 1-25 $Mn_{0.02}Ge_{0.98}$ 薄膜的磁化强度随温度的变化关系，插图为 5 K 磁滞回线

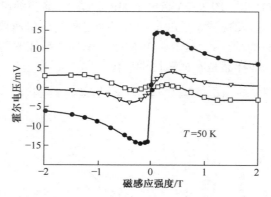

图 1-26 $Mn_{0.015}Ge_{0.985}$ 薄膜在不同门电压下的霍尔效应

结构、磁性、电子输运等特性进行了广泛而深入的研究。

2005 年，Li 等利用分子束外延技术制备了 Mn_xGe_{1-x} 薄膜，发现该薄膜有两个铁磁转变温度（T = 12 K、112 K），他们利用束缚磁极化子模型进行解释，认为高的铁磁转变温度源于距离较近的 Mn 原子之间形成的束缚磁极化子，这是一种短程铁磁序行为。随着温度降低，束缚磁极化子的大小达到渗滤阈值，形成一个整体，此时是一种长程铁磁序行为，所以较低的铁磁转变温度 T = 12 K 为居里温度[43,44]。2006 年，Bougeard 等[45]同样利用分子束外延技术制备了 Mn_xGe_{1-x} 薄膜，然而即使温度降为 2 K，也没有观察到该薄膜的铁磁性，他们将此归因于富 Mn 团簇间无相互作用，从而使样品表现为顺磁性。C. H. Chen 等[46]利用离子束诱导外延结晶退火方法制备了 GeMn 铁磁性薄膜，多种结构表征技术表明 Mn 均匀掺进了 Ge 晶格而没有形成第二相,并且室温下具有明显的剩余磁矩和明显的反常霍尔效应;X-射线磁圆二色性谱 (magnetic circular dichroism,MCD) 表明 GeMn 薄膜中的载流子是自旋极化的。J. Chen 等[47]发现通过变化栅极电压可以调控 Mn_xGe_{1-x} 的电输运性和铁磁性,这说明 Mn_xGe_{1-x} 的载流子是自旋极化的,如图 1-27 所示。

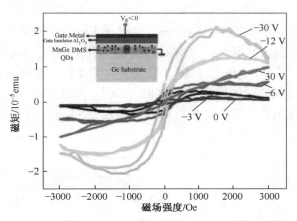

图 1-27 $T=10$ K,不同门电压下的 Mn_xGe_{1-x} 的磁滞回线

人们除了对晶体 GeMn 磁性半导体薄膜进行研究,也对非晶 GeMn 进行研究。Y. X. Chen 等[48]发现,$T=5$ K 时,$Mn_{0.57}Ge_{0.43}$ 的饱和磁化强度高达 327 emu/cm^3,居里温度可达到 213 K,并且该材料从低温到室温呈现半导体导电性;笔者将 $Mn_{0.57}Ge_{0.43}$ 磁性半导体的铁磁性归因于弱局域的 s,p 空穴载流子与强局域的 Mn 的 3d 电子之间的交换耦合作用。Yada 等[49]制备的非晶 Mn_xGe_{1-x} ($0.02<x<0.20$) 薄膜显示低温铁磁性 ($T_c=140$ K),认为铁磁性源于电子能带结构的自旋劈裂,同时发现其温度依赖的电阻率呈现半导体输运性质,上述结果表明他们制备的非晶 Mn_xGe_{1-x} 薄膜是磁性半导体。Yin 等[50]在 SiO_2/Si 衬底上,利用超高真空分子束外延设备制备了非晶 Mn_xGe_{1-x} 薄膜,发现意外掺杂的氮元素和氧元素增强了其铁磁性与电子输运性。Deng 等[51]利用超高真空热蒸发方法在液氮冷却的玻璃衬底上,制备了非晶 $Ge_{0.48}Mn_{0.52}$ 磁性半导体薄膜,其居里温度为 $T=220$ K,分析表明该样品的铁磁性源于空穴载流子的诱导。Ottaviano 等[52]从实验和理论两方面研究了 Mn 注入非晶 Ge 的铁磁性,第一性原理计算指出非晶的、畸变的 Ge 四面体结构有助于 Mn 替代置换 Ge,进而增强了体系的磁性。

除了利用具有反铁磁性 Mn 元素掺杂外,具有铁磁性的过渡元素 Fe、Co

等也被用来尝试掺杂进半导体中，进而希望获得具有高居里温度的本征磁性半导体材料。2007 年，Shuto 等[53]利用低温分子束外延技术制备了低掺杂 Fe 的 Ge 基稀磁半导体 FeGe 单晶薄膜，其居里温度 T_c 为 170 K。利用磁圆二色性谱研究发现，Fe 的掺杂使能带结构发生了更大的自旋劈裂，即样品中存在 s，p-d 相互耦合作用，表明 FeGe 单晶薄膜为本征磁性半导体材料。Goswami 等[54]利用分子束外延在 GaAs 衬底上生长了 Ge：Fe 颗粒薄膜，当衬底温度高于 150 ℃ 时，有纳米颗粒 Fe_3Ge_2 生成，铁磁序来源于铁磁第二相。

除了对材料磁性的研究，也有对输运的研究。例如，Liu 等[55]利用磁控溅射方法制备了非晶 Fe_xGe_{1-x} 薄膜，重点研究了其霍尔效应。发现 4.1 nm 厚的 $Fe_{0.67}Ge_{0.33}$ 薄膜的霍尔灵敏度高达 82 V/AT，并且在 $T = 50 \sim 300$ K 的温度范围内霍尔电阻保持不变，霍尔电阻与外磁场（$-2.5 \sim +2.5$ kOe）呈现线性依赖关系，如图 1-28 所示。

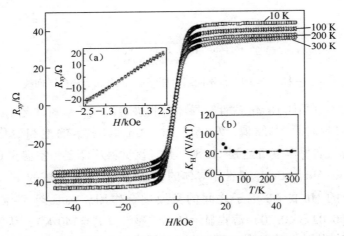

图 1-28　$Fe_{0.67}Ge_{0.33}$（$d = 4.1$ nm）薄膜不同温度下的霍尔电阻与磁场的依赖关系

上述文献都是针对一种过渡元素掺杂 Ge 的磁性半导体的研究，两种过渡元素共掺杂 Ge 的磁性半导体的研究也有相关报道[56-59]。在实验方面，Gareev 等[56]利用分子束外延低速率沉积制备了 GeMnFe 晶体薄膜，电输运测量结果表明该薄膜具有明显的反常霍尔效应，并且其居里温度 T_c 达到 209 K，如图 1-29 所示。研究表明，该薄膜中的铁磁性来源于局域空穴载流子诱导的间接铁磁交换作用，Fe 元素的掺入更有助于 GeMnFe 晶体薄膜外延生长的稳定性。

Paul 等[58]通过实验与理论研究相结合的方法研究了 Mn、Fe 共掺 Ge 的磁性半导体薄膜的性质。研究结果表明，与 GeMn 磁性半导体相比，Fe、Mn 共

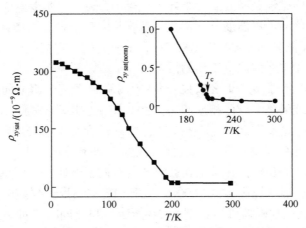

图 1-29 GeMnFe 薄膜反常饱和霍尔电阻率与温度的依赖关系[56]

掺杂不仅有效引入了 Fe-Fe 和 Fe-Mn 交换耦合作用,而且同时削弱了 GeMn 的团簇行为,进而增强了 GeMnFe 薄膜的均匀性,即 Fe 与 Mn 共掺杂优化了薄膜的性能。Tsui 等[59]利用分子束外延技术制备了 Mn、Co 共掺 Ge 的 Ge 基磁性半导体薄膜,同样发现两种磁性元素共掺更有利于薄膜外延生长的稳定性,还发现可以通过改变 Mn、Co 的掺杂浓度调控样品的磁性和电输运性质,该薄膜的居里温度 T_c 达到 270 K,测试表明该薄膜铁磁性源于载流子诱导机制而非铁磁性团簇。可见,两种过渡元素共掺杂 Ge 的磁性半导体薄膜,其磁性、稳定性以及均匀性均得到了有效增强。

在理论研究方面,人们也做了大量的研究[60-66],如 Continenza 等[60]利用从头算理论,预言在 Co、Mn 共掺 Ge 的磁性半导体中,Co 有助于 Mn 元素掺进 Ge 而减少 Mn 团簇的生成。Yu 等[66]利用有限元方法,针对不同组在实验上对 GeMn 薄膜输运机理的不同解释进行数值模拟,研究了 GeMn 薄膜的磁输运特性,数值模拟结果表明 GeMn 薄膜具有颗粒铁磁性材料的特性。

另外,人们对 Ge 基自旋阀、异质结等器件结构的材料性能也有研究报道。Maat 等[67]发现在自旋阀结构中用 $(CoFe)_{100-x}Ge_x$ 替代 CoFe 合金,其 CPP-GMR 信号更强,原因是 $(CoFe)_{100-x}Ge_x$ 的电阻率大于 CoFe 合金。Tsui 等[68]在 Ge 基磁性半导体异质结(P 型 CoMnGe/N 型 Ge)中观察到磁化相关的二极管行为,即二极管的整流效应既可以受外电场的调控也可以受外磁场的调控,该发现为实现电子自旋器件提供可能性。Tian 等[69]在 Ge 基磁性异质结(P 型 $Mn_{0.05}Ge_{0.95}$/N 型 Ge)中发现了室温下正的磁电阻效应。

长期以来,磁性半导体的研究对象主要为稀磁半导体,通过在非磁性半导体中添加过渡族磁性金属元素使半导体获得内禀磁性。但是迄今为止报道的大多数稀磁半导体的居里温度低于室温,就算是实现了低温原型器件功能的热点材料之一Ⅲ-Ⅴ族稀磁半导体(Ga, Mn, As),其最高居里温度也仅为200 K,无法满足电子器件在室温下工作的需求。

最近,清华大学 N. Chen 教授团队[70]另辟蹊径,运用逆向思维,提出了一种与制备传统稀磁半导体相反的新方法,即在磁性非晶合金 FeCo 中引入非金属元素,通过诱发金属-半导体转变,使磁性合金 FeCo 获得半导体导电特性,研制出具有新奇磁、光、电耦合特性的 P 型和本征态磁性半导体材料钴铁钽硼氧(CoFeTaBO),并揭示其载流子具有调制磁性的内禀机制。这些非晶态磁性半导体的居里温度达到~600 K,基于 P 型磁性半导体和 N 型 Si 制备出了室温 PN 结及电控磁器件,如图 1-30 所示。与此同时,对于载流子调制磁性的磁性半导体而言,其电学和磁学性能相互关联;而基于此新型磁性半导体制备的电控磁器件通过外加栅极电压调控其载流子浓度,实现了室温磁性的显著调控,进一步证实该 P 型磁性半导体的本征电磁耦合特性。

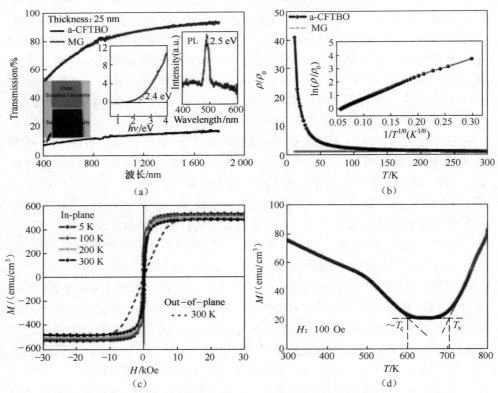

图 1-30 居里温度高于 600 K 的 P 型磁性半导体,直接带隙约为 2.4 eV[70]

1.2.3 氢化磁性半导体

氢具有原子半径小、易于填充间隙位等特点，利用氢调控Ⅲ-Ⅴ族、Ⅱ-Ⅵ族以及Ⅳ族磁性半导体性能的研究，已经有大量的报道[71-83]。但是，对于不同的材料体系，氢在其中的调控效果各不相同，有增强铁磁性的，也有削弱铁磁性的；同样是增强铁磁性，氢化机理也没有统一的定论。

对于Ⅲ-Ⅴ磁性半导体而言，Goennenwein 等[71]研究了 $Ga_{0.963}Mn_{0.037}As$ 磁性半导体被氢化之后的性能，发现其磁性及电输运性在氢化后均有明显的变化。如图 1-31（a）所示，当温度 $T=20$ K 时，氢化前的样品显示铁磁性（居里温度 $T_c=70$ K），电输运呈现金属性导电性质；然而氢化后的样品 $Ga_{0.963}Mn_{0.037}As$ 磁滞回线消失，显示顺磁性如图 1-31（b）所示。当温度 $T=2$ K 时，氢化

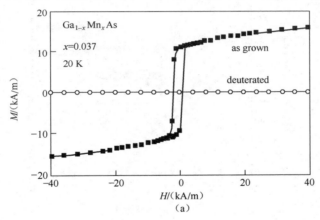

(a)

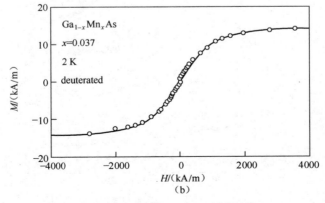

(b)

图 1-31 $Ga_{0.963}Mn_{0.037}As$ 磁滞回线

后的 $Ga_{0.963}Mn_{0.037}As$ 样品电输运呈现半导体导电性质,其磁化强度可以用布里渊函数很好地拟合,笔者将其归因于 Mn 替代了 Ga 并充当受主、提供了空穴,引入的氢元素扮演浅受主角色,占据空穴位置,导致空穴载流子浓度大幅度降低,因此载流子诱导的 Mn-Mn 局域磁矩之间的交换作用消失,所以加氢破坏了 $Ga_{0.963}Mn_{0.037}As$ 的长程铁磁序,但是 Mn-Mn 局域磁矩仍然存在。

Farshchi 等[72]研究了激光退火氢化的 $Ga_{0.96}Mn_{0.04}As$ 磁性半导体磁性能的变化情况,发现去除氢之后,$Ga_{0.96}Mn_{0.04}As$ 磁性增强,如图 1-32(a)所示。但去除氢后,$Ga_{0.96}Mn_{0.04}As$ 磁性半导体电阻率却由明显的半导体性向金属性过渡,如图 1-32(b)所示。该研究结果与 Goennenwein 等的研究结果一致,即加氢破坏了 GaMnAs 磁性半导体的铁磁性。

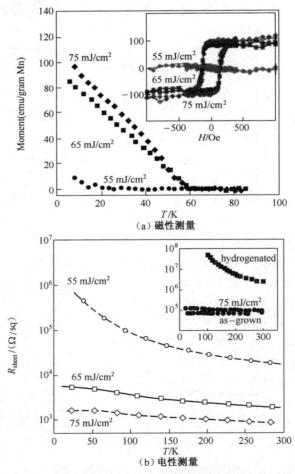

图 1-32 激光活化 GaAs:Mn-H 的磁性测量和电性测量

然而，同样是 Mn 掺杂Ⅲ-Ⅴ族磁性半导体，对于 N 型 GaMnN 磁性半导体而言，加氢增强了其剩余磁化强度，如图 1-33 所示。红外光谱探测技术测试结果表明，在 GaMnN 磁性半导体中没有 Mn-H 化合物存在，笔者利用排除法分析认为增强的剩余磁化强度应该是源于氢钝化了 GaMnN 磁性半导体中的点缺陷或线缺陷，从而削弱了这些缺陷对样品磁化强度的消极影响[73]。

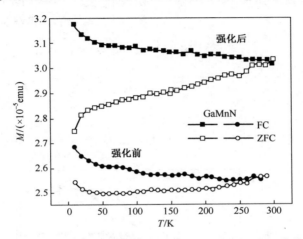

图 1-33　GaMnN 薄膜氢化前后的场冷、零场冷 $M-T$ 曲线

对于Ⅱ-Ⅵ族氧化物磁性半导体而言，Park 等[74]从理论上首次提出，在 ZnO 基磁性半导体中，间隙位的氢原子在邻近的磁性原子间充当桥梁的作用（TM-Hi-TM），诱导强的短程铁磁自旋-自旋相互作用，进而提高铁磁居里温度。文献[75-78]从实验的角度验证了 Park 等的理论。文献[77]给出 ZnCoO 和 Zn(Al,Co)O 薄膜加氢前后的 $M-H$ 曲线，如图 1-34 所示，加氢（H）与加铝（Al）都增强了载流子浓度，但是加氢除了增强载流子浓度外还明显增强了 ZnCoO 和 Zn(Al,Co)O 的铁磁性。Hu 等[79]利用氢等离子体处理掺杂了非磁性元素 Cu 的 (Zn,Cu)O 磁性半导体薄膜，发现其磁化强度也增强了，笔者将其归因于占据氧空位的 H_0^+ 使电子复位到铜原子轨道，增强的自旋轨道耦合作用增强了 (Zn,Cu)O 磁性半导体薄膜的强化强度。

对于Ⅳ族 Si 或 Ge 基磁性半导体而言，Yao 等[80]利用磁控溅射方法在纯 Ar 气体及 Ar：H 混合气体中分别制备了非晶 SiMn 薄膜，对 SiMn 薄膜结构、磁性、电输运等进行了研究。测试结果表明氢钝化了 Si 的悬挂键，释放了更多的载流子，即 Ar-H 混合气体中制备的非晶 SiMn 薄膜的饱和磁化强度、载流子浓度、居里温度等比 SiMn 薄膜的都明显增加，其增加幅度分别为 500%、300%~500% 和 100 K，如图 1-35 所示。

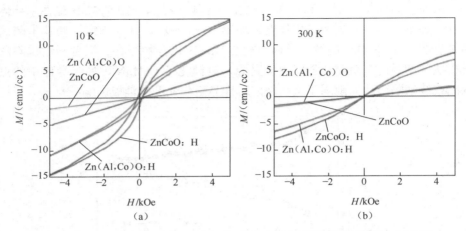

图 1-34 10 K 和 300 K 时，ZnCoO 和 Zn(Al,Co)O 薄膜加氢前后的 M-H 图

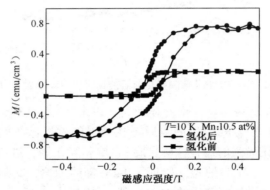

图 1-35 α-$Si_{1-x}Mn_x$（$x=0.105$）薄膜氢化前后磁化曲线[80]

然而，在多晶 $Si_{1-x}Mn_x$：B 磁性半导体薄膜中，发现加氢之后的样品结构没有变化，但是饱和磁化强度却减弱了，笔者将其归因于氢（H）与硼（B）的结合降低了载流子浓度，从而减弱了多晶 $Si_{1-x}Mn_x$：B 磁性半导体薄膜中载流子诱导的铁磁性[81]。Wang 等[82]利用第一性原理计算，提出氢在 Mn_xSi_{1-x} 中的作用并不是钝化 Si 的悬挂键、释放载流子，而是更容易束缚 Mn，减弱 Mn 的磁矩。在 Mn_xSi_{1-x} 中，Mn 离子表现出强的短程反铁磁和长程铁磁交换作用，然而加氢后，随着 Mn 原子距离的变化，Mn 离子间的交换作用在反铁磁耦合和铁磁耦合之间振荡。Yao 等[83]通过第一性原理计算发现，在 GeMn 化合物中，最近邻的 Mn 原子很容易形成 Mn-Mn 反铁磁耦合；但是加氢之后，由于 H：1s 态和价带态的 Mn 之间有很强的杂化作用，从而改变了 Mn 原子的

自旋极化，非对称的 Mn-H-Mn 使得 GeMn 显示铁磁性，即间隙位的氢原子增强了 GeMn 磁性半导体的磁化强度，进而提高了其居里温度。

另外，利用氢处理硅/二氧化硅界面（氢钝化 Si 的悬挂键）[84]，降低硅/二氧化硅界面处的缺陷，提高集成电路的性能和寿命，已是不争的事实。CMOS（complementary metal oxide semiconductor，互补金属氧化物半导体）晶体管尺寸日益小型化，具有更高迁移率的半导体替换 Si 沟道势在必行。我们知道，与 Si 同族的 Ge 具有高电子、高空穴迁移率以及低工作温度，受到人们关注。Afanas'ev 等[85]利用电子自旋共振谱（electron spin-resonance spectroscopy，ESR）同时研究（100）Ge/GeO$_x$N$_y$/HfO$_2$、（100）Ge/GeO$_2$ 的界面和与其相似结构的（100）Si 界面时，发现在 Ge 与 GeO$_x$N$_y$ 或者 Ge 与 HfO$_2$ 的界面只有顺磁缺陷，并不存在 Ge 的悬挂键，这与氢钝化 Si 界面悬挂键的情况很不相同。第一性原理计算及杂化密度泛函理论[86,87]表明由 Ge 悬挂键引起的电子能级位于价带以下，呈电负性状态，而间隙位的氢原子也更容易处在稳定的电负性状态，所以加氢无法有效钝化 Ge 的悬挂键。

■ 1.2.4 磁性半导体潜在的应用

磁性半导体除了被用来作为有效的自旋极化电流注入源以外，其本身还具有优良的电学和光学性质及许多新的物理效应，为一些新技术的发展提供了有利条件[88]。一是利用其磁光电效应可以为光电子技术开辟新的途径。在发光材料和光探测器上，虽然传统的 II-VI 族半导体已经有了广泛的应用，但是由于铁磁性半导体的带隙随着磁性离子浓度的变化可以在近紫外到远红外整个光谱区内变化，因此铁磁性半导体是各种光电子和磁光器件的理想材料，如可以制成优良的红外探测器等。二是利用磁性离子与载流子交换相互作用所引起的巨 g 因子效应，可以制成一系列具有特殊性质的超晶格和量子阱。含有铁磁性半导体材料的超晶格，由于其导带和价带在磁场作用下会形成一系列亚带或子能级，所以导带和价带间、各亚带间的带隙及各带边能级的相对位置等都明显地受外加磁场的影响，利用这种特性制造的一系列量子阱和超晶格可以为设计新的光电材料和器件奠定基础。三是利用其大法拉第旋光效应，可以制成新的光学器件和传感器等，其应用前景十分诱人。与铁磁性半导体巨磁光效应有关的材料和器件很多，诸如非互易光学器件、磁场调谐相移器、磁光调制器、磁光隔离器和磁光开关以及磁场传感器等。此外，铁磁半导体材料还可应用于制造节能存储器、高感度磁传感器、高集成度存储器及光集成电路等方面。

总之，铁磁性半导体材料在很多领域都有着潜在的广泛的应用价值。因此各国都很重视这类材料的研究与发展。

1.3 反常霍尔效应

1879年，美国物理学家埃德温·霍尔（Edwin H. Hall，1855—1938）在研究金属的导电机制时发现，当电流垂直于外磁场通过导体时，在导体垂直于磁场和电流方向的两个端面之间会出现电势差[89]，人们把这一现象称作霍尔效应（Hall effect），如图1-36所示。

当一个非磁性的金属或半导体片放置在 xy 平面内，电场 E 沿 x 方向，磁场 B 垂直于片面而沿 z 方向。如果是空穴导电，它们沿电场 E 方向运动过程中，在磁场洛伦兹力的作用下，向 y 的负方向偏转，于是在 y 方向产生附加横向运动。空穴的横向运动引起电荷在 y 方向两侧的积累，从而产生一个沿 y 方向的横向霍尔电压 V_H（如果是电子导电，则电压方向相反）。它的横向霍尔电阻率 ρ_{xy} 的大小依赖于外加磁场的大小，即

$$\rho_{xy} = R_0 B \tag{1-9}$$

其中，R_0 称为常规霍尔系数，它的大小与载流子数目成反比，符号取决于载流子的类型，霍尔系数是反映材料霍尔效应强弱的重要参数。这种在垂直电场 E 和磁场 B 的方向上形成电压的现象称为常规霍尔效应（ordinary Hall effect，OHE）。因为常规霍尔系数的大小与载流子数目成反比，所以半导体中的霍尔效应明显高于金属中的霍尔效应，并且通过实验中霍尔系数的测量可以测出材料的载流子浓度 n，同时依据霍尔系数的正负符号可以判定材料导电类型（N型导电或者P型导电）。

1880年，埃德温·霍尔又在磁性材料里面发现了类似的现象，但是信号强度远远大于正常的霍尔效应[90]，如图1-37所示。

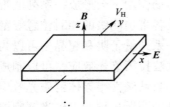 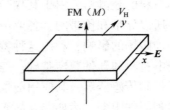

图1-36　非磁性材料霍尔效应示意图　　图1-37　磁性材料霍尔效应示意图

在铁磁性（ferromagnetism，FM）金属材料样品里，横向电阻率 ρ_{xy} 的大小除了包含式(1-9)中的常规项（$R_0 B$）外，增加了与磁性材料磁化强度 M 大

小相关的反常项。因此,通常称这种现象为反常霍尔效应(extraordinary Hall effect,EHE;也有称 anomalous Hall effect,AHE)。由于反常霍尔效应与自发磁化强度有关,后来也称自发霍尔效应(spontaneous Hall effect,SHE)。一般地,经验上将反常霍尔效应表达如下[91]:

$$\rho_{xy} = R_0 B + 4\pi R_S M \tag{1-10}$$

其中 R_S 称为反常霍尔系数,其一般大于常规霍尔系数 R_0 至少一个量级以上,且强烈地依赖于温度[92]。研究发现当铁磁性材料在外加磁场作用下达到饱和磁化强度 M_S 时,反常项就变成了常数项。横向霍尔电阻率先随着外加磁场 B 迅速线性增大,然后随着磁场呈非线性缓慢增大,经过拐点后继续增大外加磁场,霍尔电阻率又随着外加磁场 B 呈线性缓慢增大,即后半段的直线斜率小于前半段的直线斜率。显然,反常霍尔效应不能简单地用磁场的洛伦兹力来解释。图 1-38 给出了反常霍尔效应中横向霍尔电阻率 ρ_{xy} 与外加磁场 B 的依赖关系曲线。

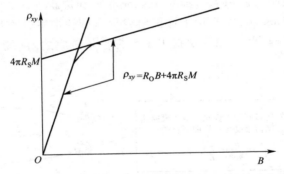

图 1-38 横向霍尔电阻率 ρ_{xy} 与外加磁场 B 的关系曲线

另外,在铁磁金属中,即使没有外加磁场,仅有横向电场时,也会出现横向霍尔电压,实际上,为了让霍尔效应比较明显,常加一微弱磁场使样品内的磁畴平行取向。

近年来,由于新型半导体材料和低维物理学的发展,使得人们对霍尔效应的研究取得了许多突破性进展[93-99]。特别是半导体异质结外延薄膜制备技术的发展,使霍尔效应的研究对象从普通的低、中迁移率材料向高迁移率人工异质结结构的扩展。德国科学家冯·克利钦与华裔科学家崔琦在 20 世纪 80 年代初相继发现了整数量子霍尔效应[93]和分数量子霍尔效应[94]。21 世纪初,美国哥伦比亚大学的 P. Kim、英国曼彻斯特大学的 K. Novoselov 和 A. Geim 等在石墨烯中观察到低温甚至室温的量子霍尔效应[95,96]。2010 年,Fang 和 Dai 等预测在拓扑绝缘体 Bi_2Te_3 或者 Bi_2Se_3 材料中掺杂铬(Cr)或者铁(Fe)后,

Bi_2Te_3 或者 Bi_2Se_3 材料中将存在铁磁性以及量子反常霍尔效应[97,98]。2013 年，Chang 研究团队在实验上验证了该预测[99]。

在各类霍尔效应中，材料中的电子都会发生偏转，轨道磁矩都会被改变。根据偏转原因的不同，霍尔效应分为两类：一类是洛伦兹力导致的正常霍尔效应和量子霍尔效应，另一类是自旋轨道耦合作用导致的自旋霍尔效应、反常霍尔效应以及量子反常霍尔效应等。霍尔效应家族不仅从理论上丰富了人们对于载流子散射问题以及物质新物态的认识，而且从技术层面上提供了研究材料基本属性（如载流子浓度、载流子类型、自旋轨道耦合强度等）的手段。霍尔效应在当今科学技术的许多领域都有着广泛的应用，如测量技术、电子技术、自动化技术、磁传感器等。随着科技的发展，霍尔效应可能还存在某种未知的存储或者逻辑器件机构等待我们去挖掘和设计，它无疑是自旋电子学与微电子学研究领域的一颗璀璨的明珠。

反常霍尔效应的常规机制大致分为两种：一种是内禀机制，即本征机制，另一种是外禀机制［斜散射（skew scattering）和边跃（side-jump）］。1954 年，Karplus 和 Luttinger 从理论上详细研究了自旋轨道耦合作用对自旋极化巡游电子的输运影响[100]，第一次提出了反常霍尔效应的内禀机制，如图 1-39 所示。

图 1-39 内禀机制过程示意图

笔者把外加电压作为微扰算符，推导出在理想晶体带间矩阵元中具有自旋轨道耦合相互作用的载流子的反常速度，该速度的方向垂直于外加电场，且正比于贝里曲率。在外加电场作用下，向上的自旋和向下的自旋数目不相等，导致电子产生净的横向电流，从而产生了霍尔电压。Karplus 认为，反常霍尔效应仅与材料的固有能带结构有关，与杂质的散射没有关系，反常霍尔系数 R_S 与总电阻的平方 ρ^2 成正比关系[100]。

内禀机制的结论很快受到质疑，Smit 批驳了 Karplus 和 Luttinger 的观点，他认为在实际材料中总是不可避免地存在缺陷或者杂质，电子的运动必定受到散射。1955 年，Smit 提出了反常霍尔效应的斜散射机制[101]，如图 1-40 所示。Smit 认为电子受到杂质的散射是不对称的，运动的电子偏离原来的运动方向，形成横向的电荷积累。被散射的载流子偏离原来路径方向一定的角度，该角度表述为霍尔电阻率 ρ_{xy} 与 ρ 的正比关系：

$$\theta_H = \frac{\rho_{xy}}{\rho} \tag{1-11}$$

图 1-40　斜散射机制的过程示意图

1970 年，Berger 又提出了边跳机制[102]，如图 1-41 所示。由于自旋轨道相互作用取决于自旋角动量和轨道角动量的矢量积，其与二者之间的夹角有关，于是散射后对于固定自旋方向的电子运动轨迹将有一个横向的跳跃位移 Δy：

$$\tan\theta_H \approx \theta_H \approx \frac{\Delta y}{\lambda} \approx \rho \Delta y \tag{1-12}$$

其中，Δy，θ_H 和 λ 分别为载流子波包的横向跳跃距离、斜散射参数以及平均自由程。

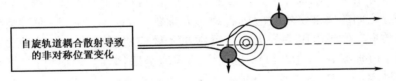

图 1-41　边跳机制的过程示意图

根据边跳机制可以得到霍尔电阻率 ρ_{xy} 与纵向电阻率 ρ 成二次方的关系。一般而言，ρ_{xy} 与 ρ^α 成正比关系，$1 \leqslant \alpha \leqslant 2$，指数因子 α 取决于材料体系，也取决于材料的无序度[102]。反常霍尔效应的内禀机制与外禀边跳机制的霍尔电阻率与纵向电阻率的标度关系都是 $\rho_{xy} \propto \rho^2$，并且二者的共同特点都是霍尔电阻率为常数，与所加的外电场无关，因此从实验上很难区分它们。最近，Tian 等对反常霍尔效应标度关系从实验研究方面取得了显著进展[103]，他们研究的体系是外延生长的铁纳米薄膜，通过改变铁纳米薄膜的厚度、测量温度来调制体系的纵向电阻率和霍尔电阻率的关系，然后从实验数据中给出合理的标度关系，该标度关系可以用下式表示：

$$\rho_{xy} = \alpha\rho_0 + \beta\rho_0^2 + \gamma\rho^2 \tag{1-13}$$

式中等号右侧第一项$\alpha\rho_0$源于斜散射的贡献，第二项和第三项均与纵向电阻率的平方成正比，二者的差异在于是否依赖温度。其中，ρ_0指的是$T=0$ K时的电阻率，称作剩余电阻率。该剩余电阻率可通过膜厚、无序度、掺杂等参数来调控，ρ是温度T下的电阻率，α、β和γ是比例因子。在很宽的温度范围和电阻率范围内，该理论公式拟合结果与实验结果相符得很好。Jin等在实验工作中为了保证实验中的铁纳米薄膜的能带结构尽量一致，他们只通过改变膜厚来增减剩余电阻率ρ_0。对于边跳机制而言，霍尔电导率仅仅属于电离杂质散射过程而非声子散射过程。对于本征机制而言，温度可以通过薄膜材料晶胞的缩胀、增减磁化强度等方式来调控能带结构，进而可以调控反常霍尔电阻率，因此本征机制相对于边跳机制更加敏感地依赖于温度。所以式（1-13）中等号右侧第二项$\beta\rho_0^2$和第三项$\gamma\rho^2$分别表示边跳机制和本征机制的范畴。这一新的标度关系在很多其他单晶薄膜体系中也得到验证。例如，Zhu等利用MBE（molecular beam epitaxy，分子束外延）技术制备了MnGa和MnAl薄膜[104,105]，这两种薄膜具备显著的垂直各向异性，发现霍尔电阻率与纵向电阻率之间可以通过Tian等[103]给出的标度关系式（1-13）来拟合。这说明对于非本征的斜散射机制或者边跳机制，磁子、声子-电子、电子-电子相互作用等导致的与温度相关的散射过程并不能显著地作用于反常霍尔电阻。

对于可以精确调控结构的晶体材料，上述内禀机制和外禀机制可以非常显著地被区分出来。但是对于大量的多晶、非晶、混合物或者杂质浓度较高的材料，探寻它们的反常霍尔效应机制是一大难题。Nagaosa等[106]通过整理大量的实验数据，发现电阻率的大小与反常霍尔效应机制之间存在某种关联。例如，对于电导率$\sigma > 10^6$（$\Omega\cdot$cm）$^{-1}$的高纯金属体系，斜散射占主导地位，霍尔电导率σ_{xy}正比于纵向电导率σ；电导率为10^4（$\Omega\cdot$cm）$^{-1} < \sigma < 10^6$（$\Omega\cdot$cm）$^{-1}$的中等无序或者掺杂的金属样品，边跳机制或者本征机制对反常霍尔效应起主导作用；而对于电导率$\sigma < 10^4$（$\Omega\cdot$cm）$^{-1}$的无序性更大的金属体系而言，霍尔电导率σ_{xy}正比于纵向电导率$\sigma^{1.6}$。

He等[107]在研究$FePd_{1-x}Pt_x$合金薄膜体系时发现，将磁化强度的温度依赖关系考虑进去后，霍尔电阻率和纵向电阻率比值（ρ_{xy}/ρ_{xx}）和纵向电阻率ρ_{xx}的线性关系符合得非常精确，如图1-42所示。

在这一关系中，线性项来源于本征机制或者边跳机制，而截距来源于斜散射机制。因为本征机制导致的霍尔电导率可通过第一性原理的方法计算得到，He等利用实验测量得到的由本征机制和边跳机制共同导致的霍尔电导率减去计算得到的本征霍尔电导率，从而可以估算出边跳机制引起的霍尔电导率的大小，他们还发现由于$FePd_{1-x}Pt_x$中Pt具有相对Pd更大的原子序数，因而具有

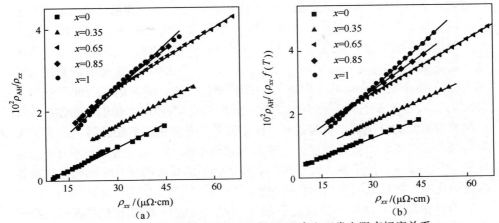

图 1-42 FePd$_{1-x}$Pt$_x$膜修正前后的霍尔电阻率和正常电阻率标度关系

更强的自旋轨道耦合作用。

1.4 研究动机和内容

综上所述，随着制备工艺技术（如分子束外延生长、离子束注入、磁控溅射、溶胶凝胶法等）的逐步提高，各种磁性半导体材料的居里温度有所提高，磁化强度有所增强，但是其居里温度依然远低于室温；虽然有些报道发现了磁化强度较高，居里温度高于室温的磁性半导体材料，但是这些物理参数往往是来源于材料中的第二相或者磁性团簇，而不是本征的磁性半导体材料。

对于 Ge 基磁性半导体而言，理论预期其居里温度有望达到 400 K 以上，更重要的是，Ge 基磁性半导体与目前工业占主流的 Si 基处理技术有很好的兼容性；并且 Ge 的高电子、高空穴迁移率以及低工作温度也让 Ge 基磁性半导体成为制备高性能、低功耗自旋电子器件的首选，所以目前人们对 Ge 基磁性半导体的研究依然保持积极的热情。本书主要从以下几个方面对非晶 Ge 基磁性半导体材料进行有益探索。

（1）本书采取非热平衡状态条件，利用磁控溅射仪在纯氩气（Ar）以及氩氢（Ar：H）混合气体中制备 FeCo 含量高的非晶 Ge 基磁性半导体薄膜（FeCo）$_x$Ge$_{1-x}$ 和（FeCo）$_x$Ge$_{1-x}$/Ge 异质结。利用 XRD（X-ray diffraction, X射线衍射）、TEM（transmission electron microscope, 透射电子显微镜）、IR（infrared radiation, 红外辐射）以及 XPS（X-ray photoelectron spectroscopy, X射线光电子能量）等测试技术测试室温条件下薄膜的结构、成分及价态，分

析氢在其中对薄膜结构、成分及价态的作用。

（2）鉴于氢在不同磁性半导体中的调控效果和内在机理各不相同，没有统一的定论，研究氢对非晶 Ge 基磁性半导体磁性的影响。采取超导量子干涉仪（superconducting quantum interference device，SQUID）静态磁测量和铁磁共振（ferromagnetic resonance，FMR）动态磁测量相结合的方法，研究了加氢对 $(FeCo)_xGe_{1-x}$-H 磁性半导体薄膜的磁化强度和交换作用的影响。发现在 FeCo 掺杂浓度相同的情况下，氩氢混合气体中制备的薄膜的饱和磁化强度均明显大于氩气气氛中薄膜的磁化强度。电输运测量结果表明，加氢没有钝化 Ge 的悬挂键、没有改变载流子的浓度。霍尔效应的测量结果表明样品中的传导电荷是自旋极化的，样品的磁性是本征铁磁性。

（3）借助超导量子干涉仪提供的可变温、变磁场环境，用范德堡四端法测量非晶 $(FeCo)_xGe_{1-x}$ 薄膜的霍尔效应、磁电阻效应以及纵向电阻率等电输运特性。测量了不同厚度 $(FeCo)_{0.67}Ge_{0.33}$ 薄膜的纵向电阻率与温度的依赖关系，所有样品都具有负的温度系数，表现出弱的温度依赖性，呈半导体导电性质。研究了非晶 $(FeCo)_xGe_{1-x}$ 薄膜霍尔电阻率与纵向电阻率之间的关联，发现霍尔电阻率与纵向电阻率之间不满足通常的标度关系 $\rho_{xys} \propto \rho_{xx}^n$（$1<n<2$）。

（4）研究 4.0 mm×4.0 mm 方形 $(FeCo)_{0.67}Ge_{0.33}$/Ge 异质结的电输运特性。温度低于 10 K 时，$(FeCo)_{0.67}Ge_{0.33}$/Ge 异质结表现出 $(FeCo)_{0.67}Ge_{0.33}$ 薄膜的电输运特性。随着温度升高，$(FeCo)_{0.67}Ge_{0.33}$/Ge 异质结界面势垒效应减弱，在 10~60 K 温度区间，非线性霍尔效应电阻急剧增大，当 $T=60$ K、外磁场 $H=8$ kOe 时，霍尔电阻达到峰值并且是 $(FeCo)_{0.67}Ge_{0.33}$ 薄膜的 41 倍。随着温度的继续升高，热激发传导载流子隧穿进入 Ge 基片，$(FeCo)_{0.67}Ge_{0.33}$ 薄膜与 Ge 基片共同参与电输运。

（5）利用两端法测试 1.0 mm×1.5 mm 的 $(FeCo)_{0.67}Ge_{0.33}$/Ge 肖特基异质结的面外 I-V 曲线和 R-H 曲线关系，在整个温度测量（10~300 K）范围内表现出磁场和电场可调控的整流效应（正磁电阻效应）。

1.5 技术路线

本书所采用的研究技术路线主要包含以下四点：

（1）$(FeCo)_xGe_{1-x}$ 薄膜和异质结样品的制备。在非热平衡条件下，利用磁控溅射设备在优质玻璃基片上制备 $(FeCo)_xGe_{1-x}$ 薄膜，利用磁控溅射结合掩膜板实验技术在近本征单晶 Ge 基片上，制备出不同厚度、不同面积的

$(FeCo)_{0.67}Ge_{0.33}/Ge$ 异质结。

(2) $(FeCo)_xGe_{1-x}$ 薄膜和异质结样品的微结构与成分表征。用原子力显微镜（atomic force microscope，AFM）表征薄膜和异质结形貌与粗糙度；用高分辨透射电镜观察异质结的截面和界面；用 X 射线衍射仪测定异质结的物相结构；用 X 射线光电子能谱仪分析、测定异质结元素的成分、含量和价态。

(3) $(FeCo)_xGe_{1-x}$ 薄膜和异质结样品的磁性表征。用交流梯度磁强计（alternating gradient magnetometer，AGM）测试样品室温下磁性；用超导量子干涉仪测量样品低于室温的静态磁性，SQUID 的温度变化范围为 1.9～400 K、磁场变化范围为 -7～$+7$ T；用铁磁共振测量系统测试样品的动态磁特性，等等。

(4) $(FeCo)_xGe_{1-x}$ 薄膜和异质结样品的霍尔效应、磁电阻以及纵向电阻的测量。借助超导量子干涉仪提供的低温变磁场环境，利用范德堡四端法面内通电流研究了 $(FeCo)_xGe_{1-x}$ 薄膜和 4.0 mm×4.0 mm 方形 $(FeCo)_xGe_{1-x}/Ge$ 异质结的面内电输运性质；利用两端测试法垂直结面通电流研究 1.0 mm× 1.5 mm 的 $(FeCo)_{0.67}Ge_{0.33}/Ge$ 肖特基异质结的整流效应和磁电阻效应。

图 1-43 给出非晶 Ge 基磁性半导体的磁性和电输运研究技术路线。

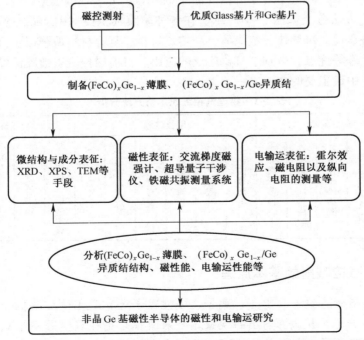

图 1-43　非晶 Ge 基磁性半导体的磁性和电输运研究技术路线

第 2 章

样品的制备技术和表征方法

2.1 样品制备技术

2.1.1 薄膜技术

薄膜的制备方法以气相沉积方法为主,包括物理气相沉积(physical vapor deposition,PVD)和化学气相沉积(chemical vapor deposition,CVD)。物理气相沉积工艺方法分类如图 2-1 所示。在各种薄膜沉积技术中,磁控溅射技术由于能制备金属、半导体、绝缘体、高熔点材料、复合材料薄膜以及沉积速率快、可控性好等优点,得到了日益广泛的应用。目前磁控溅射镀膜已经成为工业镀膜生产中最主要的技术之一。

表 2-1 物理气相沉积工艺方法分类

分类	真空蒸镀				阴极溅射					离子镀			
工艺方法	电阻加热蒸镀	电子束加热蒸镀	激光加热蒸镀	高频感应加热蒸镀	离子蒸镀	二级溅射	三级溅射	磁控溅射	对置溅射	离子束溅射	吸收溅射	空心阴极放电离子镀	高频离子镀	活化蒸发离子镀	低压等离子镀

2.1.2 磁控溅射的基本原理

溅射是指荷能粒子(电子、离子、中性粒子等)轰击固体表面,使固体原子(或者分子)从表面射出的现象。溅射镀膜是指在真空腔室中利用辉光放电产生的正离子在电场的作用下高速轰击阴极靶材的表面,溅射出的粒子

（原子或者分子）沉积在基片表面形成薄膜。

早在1853年，法拉第在进行气体放电实验时就发现放电管玻璃内壁上有金属沉积的现象，Goldstein于1902年证明了上述金属沉积是正离子轰击阴极溅射出来的产物。20世纪60年代初，Bell实验室和Western Electric公司利用溅射技术制备了集成电路用的Ta膜，从而使溅射技术开始了在工业上的应用。

在实际溅射镀膜过程中，多数情况下采取正离子轰击靶材的方式，所需的正离子源于真空室中通入的气体的辉光放电效应来获得。靶材作为阴极，因此也称阴极溅射。依据电极的结构不同，溅射技术可以分为二极溅射、三（四）极溅射、射频溅射以及磁控溅射。依据电极的电流性质的不同，溅射技术又可以分为直流溅射和射频溅射。二极溅射是由溅射靶（阴极）和基板（阳极）两级构成的。利用直流电源产生辉光放电的溅射称为直流二级溅射，利用射频电源产生辉光放电的溅射称为射频二级溅射。二级直流溅射只能在比较高的气压下进行，辉光放电是靠粒子轰击阴极所发出的次级电子维持，如果气压降到1.3~2.7 Pa时，暗区扩大，电子自由程增加，等离子密度降低，辉光放电便无法维持。三极溅射和四极溅射克服了这一缺点，它是在真空室内附加一个热阴极，可使电子与阳极产生等离子体，利用热阴极产生辉光放电。最常见的辉光放电方式是直流辉光放电和射频辉光放电。直流辉光放电是在真空度为10^{-10} Pa的稀薄气体中（一般为氩气），在两个电极之间加电压产生的一种气体放电现象。直流辉光放电伏安特性曲线，如图2-1所示[108]。

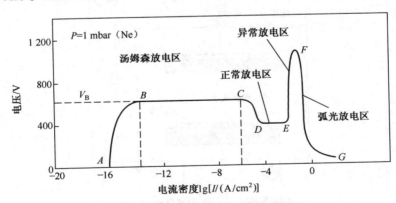

图2-1　直流辉光放电伏安特性曲线

当两个电极之间加直流电压时，产生非常微弱的电流（$A \sim B$），这一电流是由自然辐照引起的电子发射或残余带电粒子引起的空间电离产生的。虽然在两个电极之间运动的带电粒子的能量随着电极间电压的提高而提高，从而提高激发和电离概率，使放电电流继续提高，但总的放电电流依然很微弱，所以看不到发光现象，此过程称为非自持暗放电。随着两电极之间电压的继续增大，带电粒子获得足够的能量与中性气体分子发生碰撞产生电离，使得电流平稳增加，由于电压受到电源的高输出阻抗而开始保持常数（$B \sim C$），只有微弱发光，称为自持暗放电。随着电压的进一步增大，将发生"雪崩点火"，离子轰击阴极释放出二次电子，二次电子与中性气体分子发生碰撞产生更多的离子，产生的离子再次轰击阴极产生更多的二次电子。当产生足够多的离子和电子之后放电达到自持，气体开始起辉，两极间电流骤增而电压下降，放电成负阻特性（$C \sim D$）。随后，电流与电压无关，即增大电源功率时，电压维持不变，电流平稳增加，此时阴、阳两极之间出现辉光，称为正常辉光放电（$D \sim E$）。继续增加功率，两极间的电流随着电压的增大而增大，此时称为异常辉光放电区（$E \sim F$），F 之后的过程称为弧光放电区。

射频溅射是利用射频辉光放电，可以制备绝缘薄膜。射频辉光放电主要有两个重要特性：第一，在辉光放电区产生的电子获得足够的能量，足以产生碰撞电离，减小对二次电子的依赖，同时减小了击穿电压；第二，射频电压能够通过任何一种类型的阻抗耦合进去，所以电极不需要导电材料，这样射频溅射就可以对任何材料实现溅射镀膜，这也是目前射频溅射应用广泛的重要原因之一，射频溅射装置示意图如图 2-2 所示。

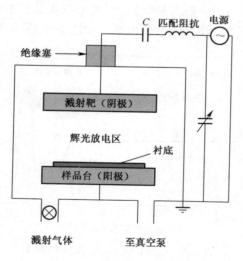

图 2-2 射频溅射装置示意图

前面介绍的直流溅射和射频溅射系统主要缺点是沉积速率较低，尤其是阴极溅射，其放电过程中只有 0.3%~0.5% 气体分子被电离。为了在低气压下进行高速溅射镀膜，必须有效地提高气体的离化率。磁控溅射是一种高速低温溅射技术，在磁控溅射中引入了正交电磁场，即磁控溅射是利用磁场与电场交互作用，使电子在靶材表面附近成螺旋状运行，从而增大电子撞击氩气产生离子的概率。磁控溅射是利用环状磁场控制下的辉光放电。磁控溅射使离化率提高了5%~6%，溅射速率也相应地比三极溅射提高了10倍左右，沉积速率可以达到每分钟几百至上千纳米。磁控溅射的工作原理如图2-3所示。

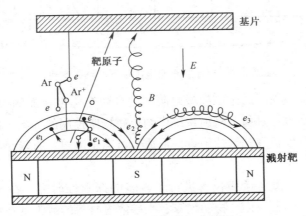

图2-3 磁控溅射的工作原理

在电场 E 的作用下，电子加速飞向基片（阳极）的过程中与氩原子发生碰撞，使其电离产生氩离子 Ar^+ 和一个新的电子 e，新电子飞向基片（阳极），而氩离子 Ar^+ 加速飞向阴极轰击靶材表面，促使靶材表面发生溅射，在溅射出的粒子中，中性的靶材原子或分子沉积在基片上形成薄膜。被溅射出的二次电子 e_1 受电场和磁场的共同作用将以摆线和螺旋线状的复合形式在靶材表面做圆周运动，如图2-4所示。它们的运动路径不仅很长，而且被电磁场束缚在靠近靶材表面的等离子体区域内，并且在该区域中，电离出大量的氩离子 Ar^+，用来轰击靶材。随着碰撞次数的增加，二次电子 e_1 的能量逐渐降低并逐步远离靶材表面，低能电子 e_1 将如 e_3 那样沿着磁力线来回振荡，直至能量耗尽，在电场 E 的作用下最终沉积在基片上，由于该电子能量很低，传给基片的能量很小，从而不会使基片过热。在磁控溅射装置中，磁极轴线处的电场与磁场平行，所以该处粒子密度很低，少量的电子 e_2 将直接飞向基片，对基片温度的影响甚微。

磁控溅射源类型主要有柱状磁控溅射源、平面磁控溅射源（包含圆形靶和矩形靶）等。磁控溅射种类比较多，还有对靶溅射和非平衡磁控溅射。对靶溅射是将两只靶相对安置，所加磁场和靶面垂直，磁场和电场平行。等离子体被约束在磁场及两靶之间，避免了高能电子对基板的轰击，使基板温升减

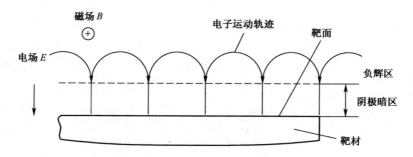

图 2-4　电子在正交电磁场下的漂移运动

小。非平衡磁控溅射时通过磁控溅射阴极内外两个磁极端面的磁通量不相等，所以称为非平衡磁控溅射。溅射系统中约束磁场所控制的等离子区不仅局限于靶面附近，还可以扩展到基片附近，形成大量离子溅射，直接影响基片表面的溅射成膜过程。

到目前为止，溅射镀膜技术进行了较多的探索性研究，在单原子金属材料、超导材料、合金、化合物、绝缘、半导体等材料的薄膜制备领域得到了广泛应用，溅射镀膜技术的发展已成为薄膜材料制备与改性方面独特的技术手段，该技术具有如下优点：

（1）所用的靶材可以是金属、半导体、绝缘体、化合物以及混合物，尤其是高熔点、低蒸气压元素和化合物都可以作为靶材。当用溅射氧化物等绝缘材料或者合金时，靶材几乎不发生分解和分馏，所以可以制备出与靶材组分相近而且均匀的合金膜，甚至更复杂的超导薄膜。

（2）溅射技术制备的膜与衬底之间的附着性比较好，这是由于溅射原子的能量比蒸发原子能量高 1~2 个数量级，因此，高能粒子沉积在基片上进行能量转换，产生较高的热能，增强了溅射原子与基片的附着力。

（3）溅射镀膜致密性好，针孔少，且膜的纯度较高。

（4）溅射镀膜过程中，膜厚可控性好，重复性好，而且膜表面比较均匀。由于溅射镀膜时，放电电流和靶电流可以分别控制，所以能够有效地镀制预设厚度的薄膜。

溅射镀膜技术除了具有以上诸多优点外，存在的缺点是，使用的设备比较复杂，需要通过不同级别的真空泵抽至高真空腔室；成膜的速率较低；溅射过程中衬底升温较高，而且易受杂质气体的影响。

溅射镀膜技术需要在真空腔室完成，真空区域的划分如表 2-2 所示[109]。

第 2 章 样品的制备技术和表征方法

表 2-2 真空区域的划分

真空区域	帕/Pa	托/Torr	气体分子密度/（个·cm^{-3}）	平均自由程/cm
低真空	$10^5 \sim 10^2$	$760 \sim 1$	$10^{19} \sim 10^{16}$	$10^{-5} \sim 10^{-2}$
中真空	$10^2 \sim 10^{-1}$	$1 \sim 10^{-3}$	$10^{16} \sim 10^{13}$	$10^{-2} \sim 10^1$
高真空	$10^{-1} \sim 10^{-5}$	$10^{-3} \sim 10^{-7}$	$10^{13} \sim 10^9$	$10^1 \sim 10^5$
超高真空	$10^{-5} \sim 10^{-9}$	$10^{-7} \sim 10^{-11}$	$10^9 \sim 10^5$	$10^5 \sim 10^9$
极高真空	$\leqslant 10^{-9}$	$\leqslant 10^{-11}$	$\leqslant 10^5$	$\geqslant 10^9$

2.1.3 磁控溅射仪简介

本书采用的样品制备设备是沈阳科友公司生产的磁控溅射仪 JGC-500，该设备主要包含真空室、电源以及辅助部分。

图 2-5（a）所示为磁控溅射设备的主真空室及制样部分，图 2-5（b）所示为磁控溅射仪的电源控制面板部分。主真空室的内部上盖安装三个溅射靶：一个射频溅射靶，两个直流磁控溅射靶，三个溅射靶可以同时溅射，也可以独立溅射。三个溅射靶的内部均装有水冷循环装置，以确保靶材和励磁线圈（永磁铁）处于恒定的温度。三个靶中间的正上方为样品库，通过电控步进电机可以上下升降样品库，样品库内置四个样品托，用来存放待生长样品的基片或者已经生长完毕的样品。真空室的正下方是样品台，样品台可以顺时针和逆

（a）磁控溅射仪的真空系统

（b）电源系统

图 2-5 磁控溅射仪的真空系统和电源系统

时针两个方向旋转。溅射时，样品台通过电机带动旋转，保证薄膜的均匀生长。样品台内置水冷循环装置，目的是避免热平衡状态下过渡金属元素在基片上溶解度低以及铁磁性第二相或者团簇等问题出现。腔外装有机械手（样品叉），以便更换真空室内样品库与样品台的样品。主真空室接有两个独立的进气通道，通过气体阀门及气体流量计可以调控流入主真空室的气体流量和腔室的真空度。溅射仪腔室的真空是通过前级机械泵和二级分子泵共同抽腔室真空完成的，真空室的本底真空度可达 1.0×10^{-5} Pa。溅射过程中通过调节溅射功率、工作气压、靶材与样品台的距离等方法来调节薄膜的生长速率，在速率确定的情况下通过设定溅射时间来控制薄膜的厚度。

2.2 样品的测试分析仪器及原理

■ 2.2.1 X 射线衍射仪

X 射线衍射分析是利用 X 射线在晶体中的衍射效应进行物质结构分析的技术。每种晶体都有它特定的晶体结构，如点阵类型、晶面间距等参数，用足够能量的 X 射线照射晶体时，晶体中的大量原子散射波相互干涉，其中晶面衍射遵循布拉格定律。通过测定衍射角位置（峰位）进行物质的定性分析，测定谱线的积分强度（峰强度）可以进行定量分析，而测定谱线强度随角度的变化关系可进行晶粒的大小和形状的检测。

1895 年，德国物理学家伦琴发现 X 射线，认为它是一种波，但是无法证明，并且当时人们对晶体的结构（周期性）也没有证明。1912 年，德国物理学家劳厄将 X 射线用于 $CuSO_4$ 晶体衍射，同时证明了以上两个问题，从此诞生了 X 射线晶体衍射学。特征 X 射线及其衍射 X 射线是一种波长很短（0.06~20 nm）的电磁波，大约与晶体的原子间距在同一数量级，穿透能力强、不可见、能杀死生物细胞。X 射线可以采用高速电子流轰击金属靶材或者同步辐射的方法得到，它是原子内层电子在高速运动电子的轰击下跃迁而产生的光辐射，主要分为连续 X 射线和特征 X 射线。连续 X 射线是指波长连续，也称多色 X 射线；特征 X 射线是指在连续谱的基础上叠加若干条具有一定波长的谱线形成的，与可见光中的单色光相似，故也称单色 X 射线。1913 年，英国物理学家布拉格父子（W. H. Bragg，W. L. Bragg）在劳厄发现的基础上，提出了作为晶体衍射基础的著名公式——布拉格方程：

$$2d\sin\theta = n\lambda \tag{2-1}$$

其中，n 为反射级数，取整数（$n=1, 2, 3\cdots$）；λ 为波长；d 为晶面间距；θ 为入射光线与晶面的夹角，称为掠射角。

掠射角 θ 等于入射光线与衍射光线夹角的一半，所以又称半衍射角，2θ 称为衍射角。X 射线衍射原理示意图如图 2-6 所示。

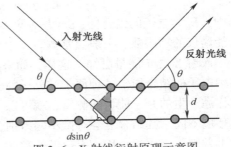

图 2-6　X 射线衍射原理示意图

对于晶体材料，当待测晶体与入射光线呈不同角度时，那些满足布拉格衍射条件的晶面就会被检测出来，体现在 XRD 图谱上就是具有不同的衍射强度的衍射峰。而对于非晶体材料，由于其结构不存在晶体结构中原子排列的长程有序，只是在几个原子范围内存在短程有序，所以非晶体材料的 XRD 图谱为一些漫散射的馒头峰。

X 射线衍射仪的主要部件包括高稳定度的 X 射线源、样品及样品位置取向的调整机构系统、射线检测器以及衍射图的处理分析系统。X 射线衍射仪是利用衍射原理，精确测定物质的晶体结构、组织及应力，精确地进行物相分析、定性分析和定量分析，广泛应用于冶金、石油、化工、科研、航空航天、教学、材料生产等领域。

■ 2.2.2　X 射线光电子能谱仪

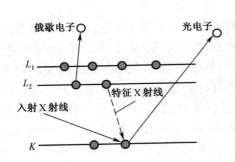

图 2-7　X 射线光电子能谱原理示意图

X 射线光电子能谱分析法是用 X 射线作为入射光束，在与样品表面原子相互作用后，将原子内壳层电子激发电离，激发电离产生的电子称为光电子，探测这些电子并通过对其结合能的计算来获取被测样品所含元素及其化学状态等信息。X 射线光电子能谱仪主要由激发源、电子能量分析器、探测电子监测器和真空系统等组成，图 2-7 给出 X 射线光电子能谱仪原理示意图。

入射 X 射线将样品表面原子中不同能级的电子激发出来，产生俄歇电子或光电子。通过能量分析器收集、分析能量分布，得出光电子能谱。该过程可用下式表示：

$$E_b = h\nu - E_K - \Phi \qquad (2\text{-}2)$$

其中，E_b 为电子的结合能；$h\nu$ 为 X 射线能量，已知；E_K 为光电子的能量；Φ 为能谱仪的功函数，一般为常数。

入射 X 光子能量已知，这样，如果测出电子的动能 E_K，便可得到固体样品中电子的结合能。各种原子、分子的轨道电子结合能是一定的，因此，通过对样品产生的光子能量的测定，就可以了解样品中元素的组成。元素所处的化学环境不同，其结合能会有微小的差别，这种由化学环境不同引起的结合能的微小差别称为化学位移，由化学位移的大小可以确定元素所处的状态。例如，某元素失去电子成为离子后，其结合能会增加，如果得到电子成为负离子，则结合能会降低。因此，利用化学位移值可以分析元素的化合价和存在形式。X 射线光电子能谱分析技术可以分析除 H 和 He 以外的所有元素；可以直接测定来自样品单个能级光电发射电子的能量分布，且直接得到电子能级结构的信息。

从能量范围看，如果把红外光谱提供的信息称为分子指纹，那么电子能谱提供的信息可称作原子指纹。它提供有关化学键方面的信息，即直接测量价层电子及内层电子轨道能级。而相邻元素的同种能级的谱线相隔较远，相互干扰少，元素定性的标识性强。X 射线光电子能谱技术是一种无损、高灵敏超微量表面分析技术。分析仅需试样约 10^{-8} g，绝对灵敏度高达 10^{-18} g，样品分析深度约 2 nm。

2.2.3 红外光谱

红外光谱源于分子能选择性吸收某些波长的红外线而引起的分子中振动能级和转动能级的跃迁，检测红外线被吸收的情况可得到物质的红外吸收光谱，又被称为分子振动光谱或者振转光谱[110]。当物质分子中某个基团的振动频率或转动频率和通过物质的红外光的频率一样时，分子就吸收能量。分子吸收红外辐射能量后发生振动和转动的能级跃迁，该处波长的光就被物质吸收。所以，红外光谱法实质上是一种根据分子内部原子间的相对振动和分子转动等信息来确定物质分子结构与鉴别化合物的分析方法。将分子吸收红外光的情况用仪器记录下来，就得到红外光谱图。红外光谱图通常用波长 λ 或波数 σ 为横坐标，表示吸收峰的位置，用透光率（$T\%$）或者吸光度（A）为纵坐标，表示吸收强度。

红外吸收光谱产生还有一个条件，就是红外光与分子之间有耦合作用，为了满足这个条件，分子振动时其偶极矩必须发生变化。这实际上保证了红外光的能量能传递给分子，这种能量的传递是通过分子振动偶极矩的变化来实现的。并非所有的振动都会产生红外吸收,只有偶极矩发生变化的振动才能引起可观测的红外吸收,这种振动称为红外活性振动;偶极矩等于零的分子振动不能产生红外吸收,称为红外非活性振动。

组成分子的各种基团都有自己特定的红外特征吸收峰。不同化合物中,同一种官能团的吸收振动总是出现在一个较窄的波数范围内,但它不是出现在一个固定波数上,具体出现在哪一波数,与基团在分子中所处的环境有关。引起基团频率位移的因素是多方面的,其中外部因素主要是分子所处的物理状态和化学环境,如温度效应和溶剂效应等。另外氢键效应和配位效应也会导致基团频率位移,如果发生在分子间,则属于外部因素,若发生在分子内,则属于分子内部因素。

通常,红外光谱分为三个区域:近红外区(0.75~2.5 μm)、中红外区(2.5~25 μm)和远红外区(25~1 000 μm)。一般情况下,近红外光谱是由分子的倍频、合频产生的;中红外光谱属于分子的基频振动光谱;远红外光谱则属于分子的转动光谱和某些基团的振动光谱[111]。由于绝大多数有机物和无机物的基频吸收带都出现在中红外区,因此中红外区是研究和应用最多的区域,积累的资料也最多,仪器技术最为成熟。通常所说的红外光谱即指中红外光谱,红外光谱波长范围如图2-8所示。

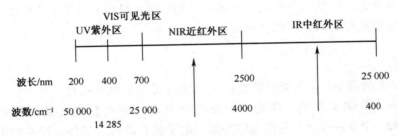

图2-8 红外光谱波长范围

红外光谱对样品的适用性相当广泛,固态、液态或气态样品都能应用,无机、有机、高分子化合物都可检测。此外,红外光谱还具有测试迅速、操作方便、重复性好、灵敏度高、试样用量少、仪器结构简单等特点,因此,它已成为现代结构化学和分析化学最常用与不可缺少的工具。红外光谱仪实物如图2-9所示,其在高聚物的构型、构象、力学性质的研究以及物理、天文、气象、遥感、生物、医学等领域也有广泛的应用[112]。

2.2.4 透射电子显微镜

透射电子显微镜简称透射电镜,是把经加速和聚集的电子束投射到非常薄

图 2-9　红外光谱仪实物

的样品上，利用入射电子透射样品后与样品内原子发生相互作用产生的信号来鉴定微小区域的物质结构、化学成分、化学键以及电子分布情况的电子光学装置。

电子显微镜与光学显微镜的成像原理基本一样，都是依据阿贝成像原理工作的。所不同的是透射电子显微镜用电子束代替光束，用电磁场做透镜。理论上，光学显微镜所能达到的最大分辨率受到照射在样品上的光子波长以及光学系统的数值孔径的限制，用公式表示如下：

$$d = \frac{\lambda}{2N_a} \tag{2-3}$$

其中，d 为分辨率；λ 为光子波长；N_a 为光学系统的数值孔径。

后来，科学家发现，理论上使用电子可以突破可见光光波波长的限制（波长 400~700 nm）。与其他物质类似，电子具有波粒二象性，而它们的波动特性意味着一束电子具有与一束电磁辐射相似的性质。电子波长可以通过德布罗意公式中电子的动能表达式得出。由于在 TEM 中，电子的速度接近光速，所以需要对波长进行相对论修正，修正公式如下：

$$\lambda_e = \frac{h}{\sqrt{2m_0 E + \left(1 + \frac{E}{2m_0 c^2}\right)}} \tag{2-4}$$

其中，λ_e 为光子波长；h 为普朗克常数；m_0 为电子的静质量；E 为加速后电子的能量。

电子显微镜中的电子通常通过电子热发射过程从钨灯丝上射出，或者采用场电子发射方式得到。随后电子通过电压进行加速，并通过静电场与电磁透镜聚焦在样品上。透射出的电子束包含有电子强度、相位以及周期性的信息，这些信息将被用于成像。由于电子的德布罗意波长非常短，透射电子显微镜的分辨率比光学显微镜（最高分辨率为 0.2 μm）高很多，可以达到 0.1~0.2 nm，放大倍数为几万到几百万倍。因此，使用透射电子显微镜可以用于观察样品的精细结构，甚至可以用于观察仅一列原子的结构，比光学显微镜所能够观察到的最小的结构小数万倍。

透射电子显微镜由照明系统、成像系统、真空系统、记录系统、电源系统五部分构成，主体部分是电子透镜和显像记录系统，由置于真空中的电子枪、聚光镜、物样室、物镜、衍射镜、中间镜、投影镜、荧光屏和照相机组成。其基本结构示意图如图 2-10 所示。

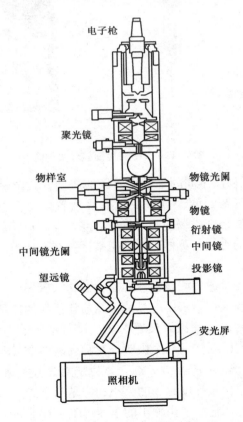

图 2-10　透射电子显微镜结构示意图

另外，由于电子束的穿透力很弱，因此用于电镜的标本需制成厚度约 50 nm 的超薄切片。这种切片需要用超薄切片机制作。通常透射电子显微镜还可以结合其他的测试，本书中采用的 TEM 还可以进行电子能量损失谱的测量。

■ 2.2.5 交流梯度磁强计

交流梯度磁强计是由振簧式磁强计发展而来的，实际上是磁秤法的一种，具有很高的灵敏度。交流梯度磁强计实物图如图 2-11 所示。

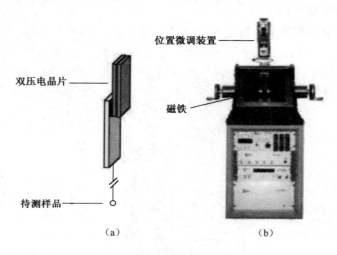

图 2-11　交流梯度磁强计实物图

AGM 与其他磁秤法不同的是梯度磁场的产生方式及磁性样品受力的测量方法。普通直流电磁铁的两个软铁头上对称放置两个（或四个）梯度线圈，这些线圈产生的交变梯度磁场使静磁场中、悬挂在石英样品杆上的样品受到周期性、水平方向上的力，石英样品杆的上端固定在双压电晶片力传感器上，以此组成探测样品杆。

交流梯度磁强计是通过测量磁性样品在非均匀磁场中的受力情况来测定其磁矩。首先将样品放置在与双压电晶片传感器相连接的样品杆上，然后将样品杆悬挂在磁铁上方的"位置微调装置"处，使样品处在磁铁中心位置。在交流梯度磁强计的直流电磁铁的两个极头处对称安装两个或四个梯度线圈，梯度线圈产生的交流梯度磁场 $H = H_0 \sin \omega t$，该磁场对悬挂在磁场中的样品有周期性的作用力，该力正比于梯度磁场的大小和样品的磁矩，通过双压电晶片传感器将力信号转变为电压信号，由输出的电压可确定样品磁矩的大小。

AGM 可以测试很多类型的磁性材料，如固体、薄膜、粉末、液体，甚至浆状物体。该设备在室温下具有相当高的灵敏度，精度最高可达 10^{-8} emu，测量速度快，每个点仅约 10 ms，同时具有测量数据点多等优点，AGM 测试一条磁滞回线仅需一两分钟。另外，其紧凑的设计和简易操作特点，使 AGM 作为室温磁性测量的重要工具，并且能很好地应用于生产和质量控制方面。

2.2.6 超导量子干涉仪

超导量子干涉仪是利用电子对波函数的相干性以及 Josephson 结来探测微弱磁信号的仪器。就功能而言其是一种磁通传感器，不仅可以用来探测磁通量的变化，还可以用来测量转换为磁通的其他物理量，如电压、电流、电阻、电感、磁感应强度、磁场梯度、磁化率等。超导量子干涉仪原理示意图如图 2-12 所示。

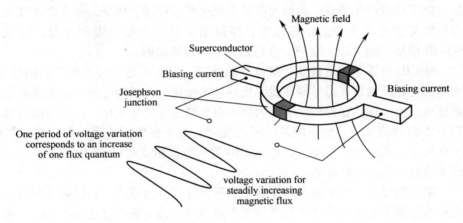

图 2-12 超导量子干涉仪原理示意图

SQUID 是基于超导 Josephson 效应和磁通量子化现象来探索微弱磁场的仪器，是一种灵敏度较高的信号探测设备，其结构是以 Josephson 结和 Josephson 效应为基础的。Josephson 结是由两块超导体中间夹一层薄的绝缘层而形成的，两块超导体之间的绝缘层类似于一个势垒层，绝缘层内的电势比超导体中的电势低很多，超导体内的电子能量不足以使它越过此势垒，因此宏观上不能有电流通过。量子力学原理指出，对于相当高的势垒，能量较低的电子也有一定概率可以穿过，这种电子通过超导 Josephson 结中的势垒而形成超导电流的现象被称为超导隧穿效应，即 Josephson 效应。当两个并联的 Josephson 结闭合环路加适当大小的偏置电流，回路内加垂直方向的外磁场，随着外磁场的变化，两个 Josephson 结的超导电流也发生变化，两个超导电流发生耦合呈现一种宏观量子干涉现象，即 Josephson 结两端的电压是该闭合环路中的外磁通量变化的周期性函数，这就是超导量子干涉仪的工作原理。

当Josephson结两侧加上一个恒定直流电压U时，发现在结中会产生一个交变电流，并且辐射出电磁波。利用并联的Josephson结，在圆柱形的石英管上先蒸发一层1 nm的Pb膜，再蒸发一层Au膜作为分流电阻，然后溅射两层Nb膜，待其中一层Nb膜氧化后再蒸发一层T形Pb膜，这样就形成两个Nb-NbO$_x$-Pb Josephson结，结两边的电子波相互作用产生许多独特的干涉效应。当$U \neq 0$时，库珀对从结的一侧穿到另一侧，将多余的能量释放出来，即发射一个频率为ν的光子，其中，$\nu = 2eU/h$相当于电子在穿过Josephson结时，在Josephson结区产生一个与其平面平行方向传播频率为ν的电磁波，即表明在Josephson结区存在一交变电流分布。对结区加一垂直于纸面向外的磁场H，由于释放的光子或电磁波与磁场会发生相互作用，磁场的一个微小变化就会导致交变电流显著的位相改变，使得电流有一个相当大的变化，这就是SQUID信号探测及放大原理，也是其灵敏度高的原因。

SQUID设备是测量磁信号最灵敏的装置，但并不是直接测量样品的磁矩，实际上是样品磁矩在超导探测线圈里感生出电流，此感生电流与探测线圈里的磁通成正比，样品在探测线圈里的移动引起感生电流的变化，探测线圈的电流与SQUID感应耦合，输出的是电压的变化，电子探测系统可以保证输出的电压正比于输入电流，因此可以把SQUID看作极高精度的电流-电压关系，从而输出的电压正比于样品的磁矩。

根据偏置电流的不同，超导量子干涉仪可以分为直流式和射频式两类，直流式超导量子干涉仪主要用来测量微小磁信号，其灵敏度可达10^{-8} emu。超导量子干涉仪含有7个主要功能系统，即温控系统、超导铁磁系统、SQUID探测系统、样品移动系统、气体处理系统、液氦杜瓦瓶系统和自动控制系统。

我们用的超导量子干涉仪测量设备是由美国Quantum Design公司生产的，其型号为MPMS-XL-7。该设备温度变化范围1.9~400 K；磁场强度变化范围-70 000~+70 000 Oe（7 T）。超导量子干涉仪设备实物如图2-13所示。

因为超导量子干涉仪可以提供低温、强磁场的测量环境，所以不仅可以用来精确地测量样品磁矩，还可以用来辅助测量样品的电输运性质，如霍尔效应、电阻率以及磁电阻的测试等。1958年，L. J. van der Pauw提出了测量任意形状的薄膜样品的纵向电阻率和霍尔电阻率的方法，即范德堡四端法[113]。设薄膜厚度为d的没有孤立孔的均匀薄片样品，样品周围边界焊接4个足够小的欧姆接触点1、2、3、4，如图2-14和图2-15所示。

在相邻的1、2（或者2、3）两点之间通电流I，则在相邻的3、4（1、4）两点测量电压U，如果样品具有对称结构，则薄片样品的纵向电阻率公式为

第 2 章 样品的制备技术和表征方法

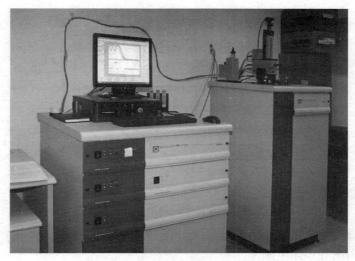

图 2-13 超导量子干涉仪设备实物

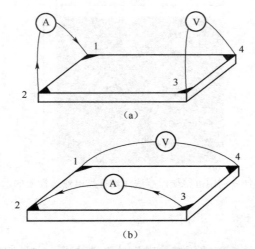

图 2-14 范德堡四端法测量薄膜样品电阻率示意图

$$\rho_{xx} = \frac{\pi d}{\ln 2} \frac{U}{I} \tag{2-5}$$

在 1 和 3 两点之间通电流 I，在垂直于电流和样品表面的方向加磁场 $\boldsymbol{B}$。在洛伦兹力的作用下，2 和 4 之间产生霍尔电压 U，则霍尔电阻率为

$$\rho_{xy} = \frac{U}{I} d \tag{2-6}$$

本书采取图 2-16 的方形结构，利用范德堡四端法测量了样品的纵向电阻

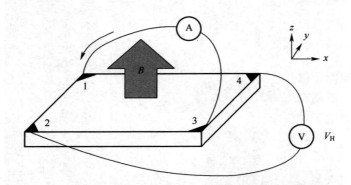

图 2-15 范德堡四端法测量薄膜样品霍尔效应示意图

率、霍尔效应、磁电阻等电输运性质，利用式（2-5）和式（2-6）得出样品的纵向电阻率和霍尔电阻率。

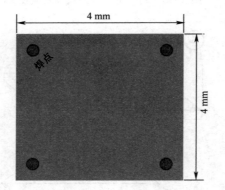

图 2-16 利用范德堡四端法测量样品电输运性质的示意图

■ 2.2.7 铁磁共振

铁磁共振是一种探测铁磁材料磁化的光谱技术，它是探测自旋波和自旋动力学的标准工具。1911 年，V. K. Arkad'yev 在铁磁性材料中观察到 UHF（ultra high frequency，特高频）辐射的吸收时发现了铁磁共振现象。1923 年，G. Dorfman 提出由塞曼分裂引起的光学跃迁可以提供一种研究铁磁结构的方法。1935 年，LevLandau 和 EvgenyLifshitz 理论上预测了拉莫尔进动的铁磁共振的存在。1946 年，JHE Griffiths（英国）和 EKZavoiskij（苏联）在实验中分别验证了铁磁共振的存在。至今，已在许多磁性材料中观察到铁磁共振，该技术与核磁共振、顺磁共振一样在磁学和固体物理学研究中占有重要地位。它能测量微波铁氧体共振线宽、张量磁化率、饱和磁化强度及居里点等重要常数。

磁化强度在平衡位置处的运动方程为

$$\frac{\partial M}{\partial t} = -\gamma M \times H_{\text{eff}} + \frac{\alpha}{M} M \times \frac{\partial M}{\partial t} \tag{2-7}$$

铁磁共振源于磁化强度 M（通常是相当大的）在外部磁场的铁磁材料的 H 的进动运动。磁场在样品磁化方向上施加转矩，导致样品中的磁矩进动。磁化的进动频率取决于材料的取向、磁场的强度以及样品的宏观磁化强度；铁磁体的有效进动频率远低于在电子顺磁共振（electron paramagnetic resonance，EPR）中观察到的自由电子的进动频率。而且，吸收峰的线宽可以通过偶极变窄和交换展宽（量子）效应而受到很大影响。此外，在 FMR 中观察到的并不是所有的吸收峰都是由铁磁体中的电子磁矩的进动引起的[114,115]。

FMR 实验的基本设置是带有电磁铁的微波谐振腔。谐振腔固定在超高频段的频率上。探测器放置在空腔的末端来检测微波。将磁性样品放置在电磁体的磁极之间，并扫描磁场，同时检测微波的谐振吸收强度。当磁化进动频率和谐振腔频率相同时，吸收量急剧增加，这由检测器处的强度下降来表示。

平行施加外场 B 的薄膜的谐振频率由 Kittel 公式给出：

$$f = \frac{\gamma}{2\pi}\sqrt{B(B + \mu_0 M)} \tag{2-8}$$

其中，M 为铁磁体的磁化；γ 为旋磁比[116]。

测试时，通常同样的样品要准备两个或两个以上。第一个样品用来初步测量，确定增益、磁场扫描范围等测试条件，以及测试有磁化历史（剩余磁化强度 $M_r \neq 0$）情况下的 FMR 谱。第二个样品用于同样测度条件下，测试没有磁化历史（剩余磁化强度 $M_r = 0$）情况下的 FMR 谱。

粉末或块状样品最好做成小球，以消除形状各向异性的退磁因子的影响。然后封装在石英毛细管内，一方面使用方便，另一方面可以避免铁磁样品对 ESR 谱仪谐振腔的污染。铁磁共振是自旋的一致共振，其共振信号比顺磁共振强得多，因而通常用 ESR 谱仪测铁磁共振时，铁磁样品的质量只能用很少，一般 2～10 mg 即可；而且信号的增益要从电子自旋共振谱仪可能的最小增益开始试选，以免因信号过强而使谱仪受损。

薄膜样品最好做成直径约为 4 mm 的小圆片，一方面便于考虑形状各向异性退磁因子的影响，另一方面便于将样品固定在可以转动的样品架上，进行各向异性 FMR 谱的测量[117]。

我们用的铁磁共振测量设备是自己搭建的仪器，主要由电磁铁（东方晨景 120110）、信号发生器（Anritsu MG3692G）、锁相放大器（Stanford Research

Systems SR510）三部分组成。该系统测量频率范围为 8～12 GHz，可进行正负磁场扫描，最大磁场可达 2 T。由信号发生器发出的微波信号 h 经过置于外磁场 H 紧贴样品的波导，被磁性样品吸收后剩余的信号由锁相放大器检测、锁定、放大后传送至计算机分析处理。常用的测量模式有扫场（固定微波频率，变化外磁场 H 大小）和扫频率（固定外磁场大小，变化微波信号 h 频率）两种模式，本书中测量数据采用扫场模式获得。铁磁共振测试系统实物如图 2-17 所示。

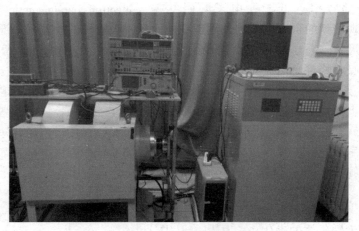

图 2-17　铁磁共振测试系统

2.3　本章小结

本章的主要内容如下：

（1）介绍了样品制备技术，重点介绍磁控溅射的工作原理，并对本书中制备样品用的磁控溅射仪进行相关介绍。

（2）介绍了样品的测试设备及工作原理，包括 X-射线衍射仪、X-光电子能谱仪、红外光谱测试技术、透射电子显微镜、交流梯度磁强计、超导量子干涉仪、铁磁共振测试系统等。

第3章
非晶 FeCoGe-H 及 FeCoGe 薄膜的制备及成分分析

3.1 引 言

  自旋电子学研究的内容主要包括自旋极化电子的产生、注入、输运、探测，以及与之联系的光学、寿命、退相干机制等。

  从 20 世纪 60 年代发现天然的磁性半导体开始，再加之电子工业受到摩尔定律的限制，人们一直在寻求室温下的本征铁磁半导体，以期实现器件的低耗高速。尤其近二三十年，国际上更是掀起了对Ⅲ-Ⅴ、Ⅱ-Ⅵ和Ⅳ族磁性半导体的研究热潮。室温下同时拥有长程铁磁序和良好的半导体输运性的铁磁半导体不仅对基础研究意义重大，而且对自旋电子学器件的制备与应用更有深远的意义。Si 基半导体在传统信息技术中占主流地位，Ge 与 Si 同属一族材料体系，Ge 不仅具有与 Si 相同的外层电子结构，而且又具有更高的电子和空穴迁移率，使其在高性能器件中具有更大的应用潜能。

  2002 年 Park 等在 *Science* 上首次报道了分子束外延技术制备的 Mn_xGe_{1-x} 单晶薄膜具有低温本征铁磁性[42]。随后人们掀起了对Ⅳ族（Si，Ge）磁性半导体的研究热潮。截至目前，人们遇到的主要问题依然是如何提高材料的居里温度，如何去除材料中的第二相、团簇等非本征磁性因素。近年来，关于采取非热平衡生长条件，通过高掺杂过渡族磁性元素制备磁性半导体样品已有报道[37,48,118]。F. Tsui 等对 Co、Mn 两种磁性过渡元素共掺 Ge 的磁性半导体薄膜进行了研究，发现在高浓度的掺杂情况下，两种磁性元素的共同掺杂比一种更有利于薄膜结构的稳定，还发现样品的结构与其磁性的相互作用，产生了新奇的磁输运现象[59]。

  综上所述，尽管以稀磁半导体为主导的磁性半导体已经研究了 50 多年，但是，迄今为止，实现的低温原型器件功能的稀磁半导体的居里温度仍然无法满足自旋电子器件在室温下的工作需求[32]。因此,探索提高磁性半导体居里温度的新途径、开发实用型室温磁性半导体一直是自旋电子学领域的关键研究课题之一。磁性金属 Co、Fe 及其合金不仅具有强铁磁性,而且其居里温度通常也在 500 K 以上,远高于室温。并且 FeCo 基合金结构为非晶态时表现出自旋相关的异常输运特性,其隧穿电子的自旋极化随 Co 和 Fe 相对成分变化呈现出类似于非晶磁体磁性的 SlaterPauling 行为。对 FeCo 基非晶合金电子结构的探测表明,其异常隧穿电子的输运特性来源于 s-d 轨道的电子杂化[119]。基于 FeCo 非晶合金具有自旋相关的输运特性,可以推测其电学和磁学行为应该具有可调控性。

本书利用磁控溅射仪在非热平衡条件下,制备了两个系列的高掺 FeCo 的非晶 Ge 基磁性半导体薄膜,一个系列是在氩氢(Ar:H)混合气体中制备的 $(FeCo)_xGe_{1-x}$-H 薄膜,另一个系列是在纯氩气(Ar)气体中制备的 $(FeCo)_xGe_{1-x}$ 薄膜。

在室温条件下,利用 X 射线衍射仪、透射电子显微镜、红外光谱技术以及 X 光电子能谱仪等测试技术分析氢在其中对 $(FeCo)_xGe_{1-x}$-H 薄膜和 $(FeCo)_xGe_{1-x}$ 薄膜结构、成分及价态的作用。

3.2 薄膜的制备与结构表征

3.2.1 薄膜的制备

对于生长薄膜用的基片而言,基片表面的清洁度和平整度对制备薄膜的质量有重要的影响,如影响薄膜与基片的附着性、薄膜自身的纯度、薄膜结构的完整性以及薄膜的内应力等。生长薄膜用的基片是玻璃基片,因为其表面容易吸附灰尘和油脂等杂质,所以制备薄膜前,先对玻璃基片进行超声清洗和烘干处理。将 2.50 mm×2.50 mm×0.21 mm 的玻璃基片依次经过去离子水、丙酮、酒精、去离子水顺序各超声清洗 10 min,然后将清洗干净的玻璃基片放进烘烤设备烘烤半小时,待自然冷却后取出备用。

制备薄膜样品主要包含三个步骤。

(1) 放基片:将清洗干净的备用玻璃基片称重记录,用镊子夹取并固定在样品托上,并对每个样品托进行编号,以便对应生长薄膜后的玻璃基片再次称重,生长前后称重是为了得到薄膜的质量进而获得薄膜的厚度。将安装好玻璃基片的样品托放进腔室的样品库里,每次开腔最多可以放置四个样品托,样品库可以电动升降,并在腔体外配有机械手,以便不用开腔,就可以更换样品托。放置好玻璃基片后,盖好腔室上盖。

(2) 抽真空:打开水冷机,使水冷循环系统工作,然后打开机械泵为镀膜腔室抽真空,抽至 10 Pa 以下,再相继打开前级旁抽阀及分子泵继续抽高真空,直至腔室本底真空度达到 5.0×10^{-5} Pa 以下。

(3) 制备薄膜:当镀膜腔室本底真空度达到 5.0×10^{-5} Pa 以下,关分子泵闸板阀 28 周,打开混气阀,向镀膜腔室通入工作气体氩氢($Ar:H_2=4:1$)混合气,同时利用气体流量计监测气体的流量,设定气体流量为 13.6 sccm,镀膜腔室的压强稳定在 1.6 Pa。溅射用的 FeCo 合金靶材 FeCo 原子比为 1:1,纯度为 99.99%;Ge 靶材纯度为 99.999%。在共溅射生长 $(FeCo)_xGe_{1-x}$-H 薄膜之前,先单独溅射 FeCo 合金靶材和 Ge 靶材,分别测出基片上 FeCo 薄膜和 Ge 薄膜的生长速率。通过测速,可以有效地调控共溅射 $(FeCo)_xGe_{1-x}$-H 薄膜的厚度和相对百分含量。在共溅射制备 $(FeCo)_xGe_{1-x}$-H 薄膜时,固定 Ge 的生长速率为 0.017 nm/s,通过变化 FeCo 的生长速率(0.011~0.025 nm/s),从而得到一系列 $(FeCo)_xGe_{1-x}$-H($0.22<x<0.70$)薄膜。薄膜厚度为 200 nm。在共溅射生长样品结束之后,在样品上方溅射一层 2 nm 厚的 Ge 保护层。

为了使样品处在稳定的生长环境以及去除每次开腔可能引起靶材表面的氧污染,每次生长样品之前,都先进行 5 min 的预溅射;为了制备出高溶解度、均匀、无第二相、无团簇的薄膜,在制备薄膜过程中,始终保持样品台处于低匀速旋转状态,同时恒温水冷(水温为 20 ℃)样品台及靶材。低温极大地限制了沉积原子在衬底上的有效迁移长度,进而阻碍晶体的成核生长过程,从而有利于无序材料的生成。

制备 $(FeCo)_xGe_{1-x}$ 薄膜时,将工作气体换成纯氩气,保持真空腔室内的气体流量和压强与生长 $(FeCo)_xGe_{1-x}$-H 薄膜时一致,分别重新测量 FeCo 和 Ge 的速率,然后制备出与 $(FeCo)_xGe_{1-x}$-H 薄膜厚度相同、FeCo 配比相同的 $(FeCo)_xGe_{1-x}$($0.22<x<0.70$)薄膜。

3.2.2 成分及结构分析

1. 台阶仪测试薄膜样品的厚度

为了验证生长样品厚度的可靠性,利用台阶仪设备测试了样品的厚度。测试结果表明,除个别样品厚度的最大误差值为 10%,大部分的误差均在 5% 以内,表明根据生长速率设定的薄膜厚度是可信的。

2. X 射线衍射仪测量薄膜样品结构

利用配备了铜 K_α 射线的 X 射线衍射仪分别测量了 $(FeCo)_xGe_{1-x}$-H 和

$(FeCo)_xGe_{1-x}$ 两个系列薄膜样品的结构。测量结果表明，在测量精度范围内，所有薄膜以及玻璃基片均在衍射角 $2\theta=25°$ 附近显示馒头峰，除此以外，没有发现其他明显的晶体衍射尖峰，说明样品是非晶或者纳米晶结构，这与用该非平衡生长工艺设备制备的其他样品的结果一致[48,120,121]。在此仅给出玻璃基片、$(FeCo)_{0.70}Ge_{0.30}$-H 和 $(FeCo)_{0.70}Ge_{0.30}$ 薄膜的衍射图谱，如图 3-1 所示。显然，加氢没有改变样品的非晶结构。

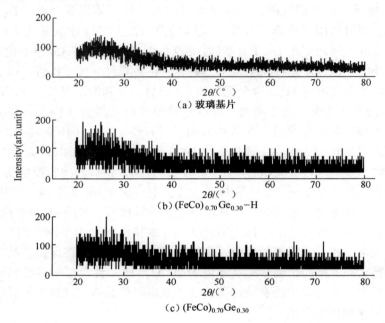

图 3-1 玻璃基片、$(FeCo)_{0.70}Ge_{0.30}$-H 和 $(FeCo)_{0.70}Ge_{0.30}$ 的 X 射线衍射图

Yang 等在玻璃基片上利用非平衡生长工艺制备了高掺 Mn 的 Si 基磁性半导体 $Mn_{0.48}Si_{0.52}$ 薄膜[120]。X 射线衍射表征结果如图 3-2（a）所示，图 3-2（b）给出玻璃基片的 X 射线衍射表征结果，显然样品是非晶结构。

3. 透射电子显微镜测量薄膜样品结构

利用透射电子显微镜对 $(FeCo)_{0.70}Ge_{0.30}$-H 和 $(FeCo)_{0.70}Ge_{0.30}$ 薄膜样品的结构进行了表征。测量结果表明，在测量精度范围内，$(FeCo)_{0.70}Ge_{0.30}$-H 和 $(FeCo)_{0.70}Ge_{0.30}$ 薄膜呈现均匀的非晶结构，没有发现任何团簇或者第二相杂质等沉积物。图 3-3 给出 $(FeCo)_{0.70}Ge_{0.30}$-H 薄膜的高分辨透射电镜图。右上角为选区电子衍射图，由选区电子衍射图像的衍射环进一步证实了 $(FeCo)_{0.70}Ge_{0.30}$-H 薄膜为非晶结构，选区电子衍射图像中的明暗条纹是由局域应力引起的。

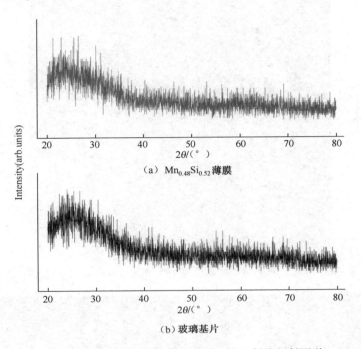

图 3-2　$Mn_{0.48}Si_{0.52}$ 薄膜和玻璃衬底的 X 射线衍射图谱

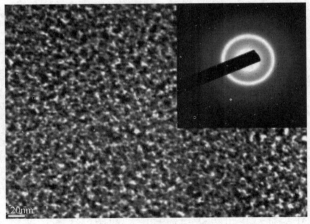

图 3-3　$(FeCo)_{0.70}Ge_{0.30}$-H 薄膜的高分辨透射电镜图像，插图是选区电子衍射图像

图 3-4 所示为 $(FeCo)_{0.57}Ge_{0.43}$ 样品截面的高分辨 TEM 图像，图 3-5 所示为 $Ti_{0.24}Co_{0.76}O_x$ 的 TEM 图像。

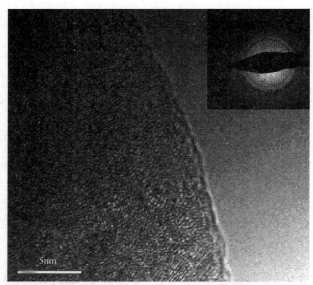

图 3-4 $Mn_{0.57}Ge_{0.43}$ 样品截面的高分辨 TEM 图像，插图为选区电子衍射图[48]

(a) $Ti_{0.24}Co_{0.76}O_x$ 低分辨率TEM图像

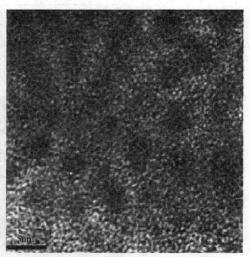
(b) $Ti_{0.24}Co_{0.76}O_x$ 高分辨率TEM图像[121]

图 3-5 $Ti_{0.24}Co_{0.76}O_x$ 的 TEM 图像

从上述 TEM 表征结果可以清楚地看出，利用该生长工艺制备的薄膜样品 $(FeCo)_{0.70}Ge_{0.30}$-H 和 $(FeCo)_{0.70}Ge_{0.30}$ 与 Chen 等制备的 $Mn_{0.57}Ge_{0.43}$ 样品、Song 等制备的 $Ti_{0.24}Co_{0.76}O_x$ 薄膜一样都不显示纳米尺度以上的结晶，这也充分证明了非平衡生长工艺确实可以有效地抑制材料中晶粒的生成或长大，有利于薄膜均匀生长。

4. 红外吸收谱技术测量薄膜的氢键

利用氢钝化 Si 的悬挂键,已有很多文献报道[80,122-128]。Ge 与 Si 的电子结构相似,Qin 等[118]测量了 $Mn_{0.4}Ge_{0.6}$ 以及 $Mn_{0.4}Ge_{0.6}$-H 两种薄膜的漫反射红外线吸收谱,如图 3-6 所示。

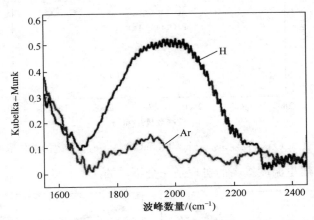

图 3-6 $Mn_{0.4}Ge_{0.6}$ 和 $Mn_{0.4}Ge_{0.6}$-H 薄膜漫反射红外线吸收谱

发现 $Mn_{0.4}Ge_{0.6}$-H 在波数为 2000 cm^{-1} 处有明显的特征峰,这个特征峰代表 GeH_2 伸缩键连。然而 $Mn_{0.4}Ge_{0.6}$ 在整个测量波数空间并没有发现此特征峰。这个结果表明在氩氢混合气氛生长条件下,H 元素掺入 $Mn_{0.4}Ge_{0.6}$:H 薄膜,并钝化了其中 Ge 的悬挂键[118]。那么在 $(FeCo)_{0.70}Ge_{0.30}$-H 薄膜中,氢原子是否也钝化了 Ge 的悬挂键呢?本书用红外吸收谱技术分别进行了测量,测量结果如图 3-7 所示。

显然在整个测量波数区间,$(FeCo)_{0.70}Ge_{0.30}$-H 和 $(FeCo)_{0.70}Ge_{0.30}$ 的红外吸收谱基本一致,没有明显的 Ge-H 或 Ge-H_2 特征峰[129,130]。根据第一性原理计算及杂化密度泛函理论计算[88,89],Ge 悬挂键的电子能级位于其价带以下,呈电负性状态;而 Ge 基中,间隙位的氢原子并不像在 Si 或其他半导体中那样,扮演双性角色,既可以是施主也可以是受主,Ge 中的氢原子更容易处在受主能级,即以稳定的电负性状态 H-存在,显然 H-排斥电负性缺陷,所以氢原子无法有效地钝化电负性的 Ge 悬挂键。实验中,Dung 等[131]发现,GeMn 薄膜经过后期氢退火处理之后,载流子类型由 P 型导电变成了 N 型导电,并且多余的电子载流子增强了 Mn 原子之间的铁磁耦合,从而促进 GeMn 磁矩的增强和居里温度的提高,如图 3-8 所示。这与 Yao 等人[80]报道的氢钝化 SiMn 磁性半导体中的 Si 悬挂键,释放出了更多空穴载流子,进而促使 SiMn

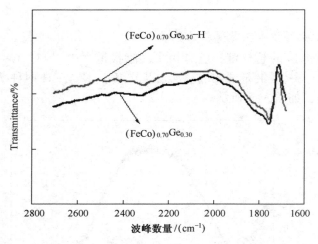

图 3-7　$(FeCo)_{0.70}Ge_{0.30}$-H 和 $(FeCo)_{0.70}Ge_{0.30}$ 薄膜的红外吸收谱

薄膜铁磁性及居里温度提高的机理是完全不同的。

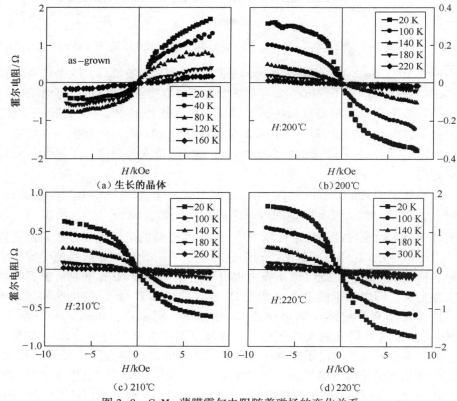

图 3-8　GeMn 薄膜霍尔电阻随着磁场的变化关系

综合红外吸收谱技术测试结果及相关文献[88,89]分析认为,在$(FeCo)_{0.70}Ge_{0.30}$-H非晶薄膜样品中,氢原子没有钝化Ge的悬挂键。

5. X光电子能谱技术表征薄膜中元素的价态及相对成分比

利用X光电子能谱技术研究了$(FeCo)_xGe_{1-x}$-H和$(FeCo)_xGe_{1-x}$薄膜中Fe、Co和Ge三元素的价态及相对成分比。测试前,先用Ar离子分别刻蚀样品10 nm深度,以去除样品表面氧元素、碳元素等污染。由图3-9可见,Ge 3d芯能级的光谱包含两个能量位置能谱峰,分别位于31.8 eV和29.5 eV。位于31.8 eV的峰,应该是源于Ge—Fe或Ge—Co的化学键;对于位置在29.5 eV的峰而言,应该是由于我们的样品是非晶结构,在纳米或者亚纳米尺度下,Ge原子分布不均匀导致的,即在Ge近邻除了分布少量的Fe(Co)原子以外,还存在比较多的Ge原子,如图3-12示意图中A区所示的富Ge区,所以XPS的测量结果显示出Ge^0峰。没有观察到相应的GeO_2(33.2 eV)化合物存在[132]。

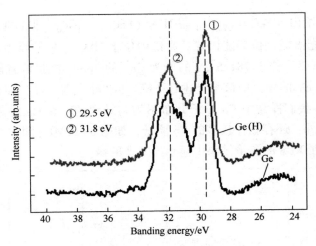

图3-9 $(FeCo)_{0.70}Ge_{0.30}$-H和$(FeCo)_{0.70}Ge_{0.30}$薄膜Ge 3d的XPS谱

由图3-10可见,由于自旋轨道耦合作用,Fe 2p芯能级劈裂成2p1/2和2p3/2。位于723.9 eV和710.7 eV的峰,分别是Fe^{3+}的2p1/2和2p3/2的能量位置能谱峰;对于位置在720.4 eV和707.1 eV的峰而言,应该是由于在纳米或者亚纳米尺度下,我们样品中的Fe原子分布不均匀导致的,即在Fe近邻除了分布少量的Ge之外,还存在比较多的Fe,如图3-12示意图中B区所示的富Fe区,所以在XPS的测量结果中显示出Fe^0的峰。

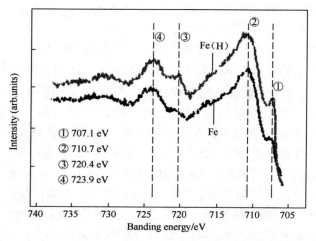

图 3-10 (FeCo)$_{0.70}$Ge$_{0.30}$-H 和 (FeCo)$_{0.70}$Ge$_{0.30}$ 薄膜 Fe 2p 的 XPS 光谱

图 3-11 给出 (FeCo)$_{0.70}$Ge$_{0.30}$-H 和 (FeCo)$_{0.70}$Ge$_{0.30}$ 非晶薄膜中 Co 2p 芯能级的 XPS 光谱能量位置能谱峰。光谱中位于 793.2 eV 的峰为 Co^{2+} 的 2p1/2 能量位置能谱峰，位于 781.5 eV 的峰为 Co^{2+} 的 2p3/2 能量位置能谱峰。对于位置在 778.2 eV 的峰，应该与上述 Ge^0 峰、Fe^0 峰成因一样，即在纳米或者亚纳米尺度下，我们样品中 Co 原子分布不均匀导致的，在 Co 近邻除了分布少量的 Ge 原子外，还存在比较多的 Co 原子，如图 3-12 示意图中 C 区所示的富 Co 区，所以在 XPS 的测量结果中显示出 Co^0 的峰。

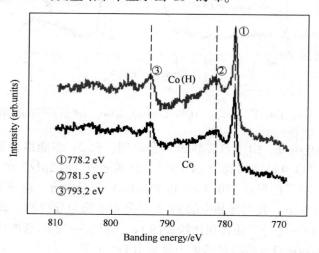

图 3-11 (FeCo)$_{0.70}$Ge$_{0.30}$-H 和 (FeCo)$_{0.70}$Ge$_{0.30}$ 薄膜 Co 2p 的 XPS 光谱

第 3 章　非晶 FeCoGe-H 及 FeCoGe 薄膜的制备及成分分析

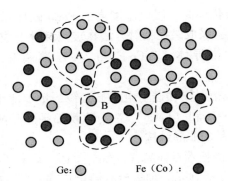

Ge：○　　　Fe（Co）：●

图 3-12　（FeCo）$_{0.70}$Ge$_{0.30}$-H 和（FeCo）$_{0.70}$Ge$_{0.30}$ 薄膜中 Fe(Co)、Ge 元素分布结构示意图

通过 XPS 测试结果得出以下结论：

（1）在（FeCo）$_{0.70}$Ge$_{0.30}$-H 和（FeCo）$_{0.70}$Ge$_{0.30}$ 非晶薄膜中存在 Ge-Fe 或 Ge-Co 化学键，说明部分 Fe(Co) 替代了 Ge；由于样品是非晶薄膜结构，在纳米或者亚纳米尺度下，Fe(Co) 原子、Ge 原子分布不均匀，存在富 Ge、富 Fe、富 Co 区。

（2）（FeCo）$_{0.70}$Ge$_{0.30}$-H 薄膜中磁性元素（FeCo）与 Ge 的比值是 68.47：31.53；（FeCo）$_{0.70}$Ge$_{0.30}$ 薄膜的磁性元素（FeCo）与 Ge 的比值为 68.98：31.02，显然两种样品中（FeCo）与 Ge 的相对含量基本保持一致，而且与生长样品设定的含量基本一致。

（3）与（FeCo）$_{0.70}$Ge$_{0.30}$ 薄膜相比较，在（FeCo）$_{0.70}$Ge$_{0.30}$-H 非晶薄膜中，没有观察到 Fe 元素和 Co 元素明显的结合能化学位移，猜测可能有两种原因：①在（FeCo）$_x$Ge$_{1-x}$-H 非晶薄膜中，Fe(Co) 原子与 H 原子之间化学键能很小（文献报道 ZnCoO 加氢后 Co 2p 只有 0.2 eV 的蓝移[77]），限于仪器分辨率（≥ 0.45 eV），微弱的结合能化学位移未被测出来；②在（FeCo）$_x$Ge$_{1-x}$-H 非晶薄膜样品中不存在氢元素。然而结合后续章节磁性分析结果，氢元素应该存在样品（FeCo）$_x$Ge$_{1-x}$-H 中，所以图 3-10、图 3-11 中没有观察到 Fe(Co) 元素明显的结合能化学位移，应该是由于 Fe(Co) 原子和 H 原子之间结合能化学位移很小，限于 XPS 仪器的分辨率而未被测出来。

3.3　本 章 小 结

本章的主要内容如下：

（1）选择自旋极化率高、居里温度高的FeCo磁性元素与Ge共掺杂，在非热平衡状态条件下，采取磁控溅射方法在玻璃基片上成功制备了FeCo含量高的非晶Ge基磁性半导体$(FeCo)_xGe_{1-x}$-H薄膜和$(FeCo)_xGe_{1-x}$薄膜（$0.22<x<0.70$）。

（2）利用X射线衍射仪和透射电子显微镜测量了薄膜的结构。测量结果表明，$(FeCo)_xGe_{1-x}$-H和$(FeCo)_xGe_{1-x}$薄膜都是非晶或者纳米晶结构。另外，加氢没有影响样品的非晶结构。

（3）利用红外光谱技术对样品$(FeCo)_{0.70}Ge_{0.30}$-H和$(FeCo)_{0.70}Ge_{0.30}$进行了测试分析。测量结果显示，加氢没有钝化Ge的悬挂键。

（4）利用X光电子能谱仪研究了$(FeCo)_{0.70}Ge_{0.30}$-H和$(FeCo)_{0.70}Ge_{0.30}$薄膜中Fe 2p、Co 2p、Ge 3d三元素的芯能级结合能、价态以及相对成分含量。测量结果表明，在$(FeCo)_{0.70}Ge_{0.30}$-H和$(FeCo)_{0.70}Ge_{0.30}$非晶薄膜中存在Ge-Fe或Ge-Co化学键，说明部分Fe(Co)原子替代了Ge；$(FeCo)_{0.70}Ge_{0.30}$-H和$(FeCo)_{0.70}Ge_{0.30}$非晶薄膜中的FeCo、Ge相对含量与我们生长样品设定的含量基本一致，没有因为氢的引入而发生变化。

第 4 章
非晶 FeCoGe-H 薄膜静态磁性测量及分析

4.1 引　　言

在基础性研究以及新兴的自旋电子学领域里，同时具有室温长程铁磁序和优良半导体属性的磁性半导体材料始终是人们研究的热点。科研人员除了对Ⅲ-Ⅴ族化合物如 $Ga_{1-x}Mn_xAs$[25]以及氧化物如 $Co_xZn_{1-x}O$ 的研究[133]，对Ⅳ族磁性半导体如 Mn_xGe_{1-x}，Mn_xSi_{1-x} 以及 $(CoFe)_{1-x}Ge_x$ 等也有广泛的研究[42,43,48,56,58,59,67,118,134-137]。为了实现自旋电子学器件的室温应用，人们在研究磁性半导体材料的过程中，试图通过不同的生长方法（MBE 生长、PLD 生长、离子束注入、磁控溅射生长等）或者通过不同的后期处理办法（真空退火、气体退火等），期望制备出室温下具有本征磁性、高饱和磁化强度的磁性半导体材料，从而实现对微电子器件电子电荷和自旋的调控。用氢调控磁性半导体的磁性能或者电输运性能已经有一些研究[72-74,81-83,123,138]，然而对于不同的材料体系，氢在其中的调控效果和内在机理却是说法不一。本章重点阐述氢元素对高掺 FeCo 的非晶 Ge 基磁性半导体材料的磁化强度和交换作用的影响。

4.2　磁化曲线和磁滞回线简介

磁化曲线和磁滞回线是表征铁磁物质在磁场中行为的基本特性。由磁化曲线和磁滞回线所定义的磁学量（磁导率、矫顽力、剩余磁化强度等）都是对铁磁物质的组织结构（如内应力、晶粒大小、晶粒取向、杂质等）极为灵敏的特性。典型的磁性物质的技术磁化曲线与磁滞回线示意图如图 4-1 所示，

Oa 段表示磁化曲线，到达 a 端后磁化曲线逐渐达到饱和磁化。

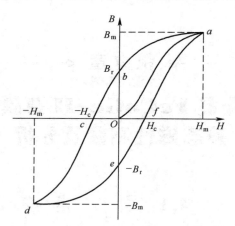

图 4-1 技术磁化曲线与磁滞回线示意图

如果由磁化曲线的 a 端（$H=H_m$）逐渐减弱磁场，则磁感强度 B 沿另一曲线 ab 下降，当外加磁场下降到 $H=0$ 时，B 并不等于 0 而等于 B_r，B_r 称为剩余磁感强度。磁感强度 B 与磁化强度 M 的关系为 $B=4\pi M$。如果磁场反向增加，则 B 沿 bc 下降至 $B=0$，此时的外磁场强度 $-H_c$ 称为矫顽力。当磁场反向增加到 $H=-H_m$ 时，B 沿 cd 下降至 $B=-B_m$。之后，磁场由 $-H_m$ 回升到 $+H_m$ 时，曲线沿 def 回到 a 端，称该闭合回线为磁滞回线。

4.3 自旋波理论

1930 年，布洛赫（Bloch）基于海森堡模型提出了自旋波概念，用于讨论在低温区中自然磁化强度与温度的关系，并且得到了 $M(T)$ 随 $T^{3/2}$ 变化的规律，通常称为布洛赫 $T^{3/2}$ 定律。

对于一个磁性系统，只考虑塞曼能和交换能的条件下，那么它的哈密顿量可以写为

$$H = -g\mu_B \sum_i S_i \cdot H - 2J \sum_{i,j} S_i \cdot S_j \tag{4-1}$$

其中，$-g\mu_B \sum_i S_i \cdot H$ 项为塞曼能；$-2J \sum_{i,j} S_i \cdot S_j$ 项为自旋交换能；J 为交换积分，交换项中的 j 求和只限于近邻 i，剩下的求和遍及整个系统。这个系统的基态也就是能量最低的状态，是所有自旋平行于外磁场 H 的状态，这时塞曼

能和交换能都最小。那么系统的第一激发态是什么样的呢？假设第一激发态有一个自旋反转，方向与外磁场反平行而其他的自旋都与磁场平行的状态。很容易证明这个状态不是式（4-1）哈密顿量的本征函数。不需要严格的数学证明，只要看看这个状态的能量就可以知道它不会是第一激发态。只有一个自旋反转的状态，它的交换能 $E_{ex} \propto J \approx 10^{-13}$ erg，这相当于对单个自旋反转的状态施加 10^3 T 的磁场产生的塞曼能。由于交换能正比于 $\cos\alpha$，其中 α 是相邻自旋的夹角，系统可以通过使 α 减小从而减小交换能。所以，系统自旋方向的"扭曲"产生的交换能可以远小于只反转一个自旋产生的交换能。能量最低的自旋"扭曲"状态如图 4-2 所示[139,140]。

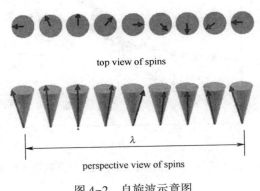

图 4-2 自旋波示意图

每一个自旋和外磁场 H 的夹角都为 β，称为进动角，进动角 β 越小，塞曼能越小；圆表示自旋末端的轨迹；相邻自旋之间的角度为 α，α 越小交换能越小。这种自旋系统的"扭曲"，或称为"扰动"就是自旋波。对每一个自旋来讲，进动角 β 都是相同的；对于特定方向上相邻的自旋之间的夹角 α 也都是一样的。夹角 α 最大的方向称为自旋波的传播方向，也就是波矢 k 的方向。沿自旋波的传播方向，两个相同方向的自旋之间最短的距离称为自旋波的波长。

4.4 实验结果与分析

本章主要采取超导量子干涉仪静态磁化表征技术研究加氢对非晶 $(FeCo)_x Ge_{1-x}$-H 薄膜磁性的影响，并且通过定量计算给出加氢与未加氢样品中交换劲度系数 D 值大小。

4.4.1 非晶 $(FeCo)_xGe_{1-x}$ 薄膜的磁化曲线的测量

在温度 $T=5$ K 和 $T=300$ K，面内磁场的条件下，分别测量了 $(FeCo)_xGe_{1-x}$ 和 $(FeCo)_xGe_{1-x}$-H 非晶薄膜样品的磁特性。FeCo 含量为 22% 的 $(FeCo)_xGe_{1-x}$ 薄膜的磁滞回线 $M-H$ 表现出很弱的顺磁性特点，在此未给出。图 4-3 给出 FeCo 含量为 34% 和 46% 的 $(FeCo)_xGe_{1-x}$ 薄膜的磁滞回线 $M-H$。

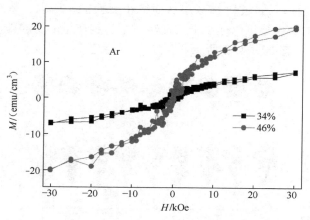

图 4-3　$T=5$ K 时，$(FeCo)_xGe_{1-x}$ 薄膜的磁化强度与外磁场依赖关系 $M-H$ 曲线

由图 4-3 可见，FeCo 含量为 34% 的 $(FeCo)_xGe_{1-x}$ 薄膜基本保持顺磁性，随着 FeCo 含量增大为 46% 时，$(FeCo)_xGe_{1-x}$ 薄膜表现出明显超顺磁性（磁化曲线没有磁滞现象）。众所周知，超顺磁性体与普通顺磁性体的主要区别在于普通顺磁体是具有固定磁矩 μ_0 的原子集团，而超顺磁性体是具有均匀磁化的单畴粒子集团，每一粒子包含较大数目的原子，可能大于 10^5 个原子，具有比顺磁体大得多的磁矩[141]。并且在外磁场作用下，磁化强度可以用郎之万顺磁性理论求出，即 FeCo 浓度 $x=0.34$ 或者 $x=0.46$ 时，$(FeCo)_xGe_{1-x}$ 薄膜只显示顺磁性或者超顺磁性，这与 Maat 等[67]报道的当 CoFe 浓度低于 0.61 时，$(CoFe)Ge$ 材料的铁磁性受到抑制的结果是一致的。

由图 4-4 可见，FeCo 含量为 57% 的 $(FeCo)_{0.57}Ge_{0.43}$ 薄膜显示铁磁性特点，具有磁滞。磁化强度随着 FeCo 浓度由 57% 增大到 70% 的过程中明显增大。并且随着 FeCo 浓度的增大，磁化强度在高场区逐渐接近饱和趋势，在外磁场 $H=30$ kOe 时，FeCo 含量为 70% 的 $(FeCo)_xGe_{1-x}$ 薄膜的磁化强度 M 约为 430 emu/cm³。显然，随着 FeCo 浓度的增大，$(FeCo)_xGe_{1-x}$ 薄膜内部形成明显长程铁磁序。

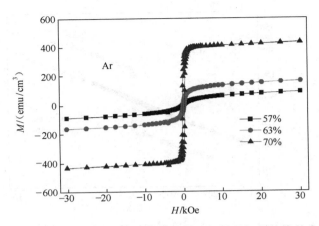

图 4-4 $T=5$ K 时，$(FeCo)_xGe_{1-x}$ 薄膜磁化强度与外磁场依赖关系 M-H 曲线

■ 4.4.2 非晶 $(FeCo)_xGe_{1-x}$-H 薄膜的磁化曲线的测量

接下来，研究加氢样品 $(FeCo)_xGe_{1-x}$-H 薄膜磁化强度与外磁场依赖关系。发现 FeCo 含量为 22% 的 $(FeCo)_xGe_{1-x}$-H 薄膜同样显示顺磁性特点，此处未给出。说明当 FeCo 含量低时（如 $x=0.22$），加氢与未加氢的非晶 $(FeCo)_xGe_{1-x}$ 薄膜都没有形成长程铁磁序。如图 4-5 所示，FeCo 含量为 34% 和 46% 的 $(FeCo)_xGe_{1-x}$-H 薄膜磁化强度与外磁场依赖关系。FeCo 含量为 34% 的 $(FeCo)_xGe_{1-x}$-H 薄膜同样显示顺磁性，但是其顺磁性明显大于相同 FeCo 含量的 $(FeCo)_xGe_{1-x}$ 薄膜的顺磁性，这说明氢在其中对磁性有积极的影响。FeCo 含量为 46% 的 $(FeCo)_xGe_{1-x}$-H 薄膜在低场区出现磁滞现象，这是铁磁性的表现。随着 FeCo 掺杂浓度的提高，$(FeCo)_xGe_{1-x}$ 和 $(FeCo)_xGe_{1-x}$-H 薄膜的磁化强度都分别有显著的增强，即样品的磁化强度与铁磁性原子的浓度有关；重要的是在相同 FeCo 掺杂浓度下，$(FeCo)_xGe_{1-x}$-H 薄膜的磁化强度大于 $(FeCo)_xGe_{1-x}$ 的磁化强度。例如，当 FeCo 浓度 $x=0.46$ 时，$(FeCo)_{0.46}Ge_{0.54}$ 薄膜只显示超顺磁性，而 $(FeCo)_{0.46}Ge_{0.54}$-H 薄膜却显示铁磁序与顺磁序共存。显然，加氢有助于 $(FeCo)_xGe_{1-x}$-H 薄膜中铁磁序的形成。

如图 4-6 所示，随着 FeCo 含量的增大，$(FeCo)_xGe_{1-x}$-H 薄膜的磁化强度在增大并且达到高场区的饱和。虽然 FeCo 含量为 57% 的 $(FeCo)_{0.57}Ge_{0.43}$-H 薄膜的磁滞回线在高场区仍然有一点上扬，但与相同 FeCo 含量的 $(FeCo)_{0.57}Ge_{0.43}$ 的磁滞回线相比较，$(FeCo)_{0.57}Ge_{0.43}$-H 薄膜的磁化强度更接近饱和并且明显大于 $(FeCo)_{0.57}Ge_{0.43}$ 的薄膜的磁化强度。当 FeCo 浓度为 63% 和 70% 时，

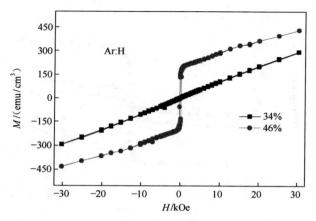

图 4-5 $T=5$ K，$(FeCo)_xGe_{1-x}$-H 薄膜磁化强度与外磁场依赖关系 M-H 曲线

$(FeCo)_xGe_{1-x}$-H 薄膜的磁化强度在高场区完全饱和，并且具有明显的磁滞现象。在外磁场 $H=30$ kOe 时，FeCo 含量为 70% 的 $(FeCo)_xGe_{1-x}$-H 薄膜的饱和磁化强度 M_S 约 613 emu/cm³，是不加氢样品 $(FeCo)_{0.70}Ge_{0.30}$（磁化强度 M 约 430 emu/cm³）的 1.43 倍。

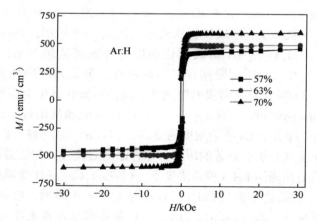

图 4-6 $T=5$ K，$(FeCo)_xGe_{1-x}$-H 薄膜的磁滞回线 M-H 曲线

低温下的测试结果表明，加氢有助于 $(FeCo)_xGe_{1-x}$-H 薄膜铁磁性的增强。室温下，是否也具有同样的表现呢？图 4-7 给出室温下 FeCo 含量为 70% 的两种薄膜的测量结果。

$T=300$ K 时，在相同 FeCo 掺杂浓度下，$(FeCo)_xGe_{1-x}$-H 薄膜的磁化强

第 4 章 非晶 FeCoGe-H 薄膜静态磁性测量及分析

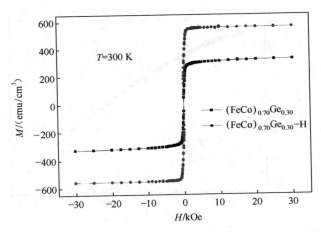

图 4-7　$T=300$ K 时，$(FeCo)_{0.70}Ge_{0.30}$-H 和 $(FeCo)_{0.70}Ge_{0.30}$ 薄膜的 M-H 曲线

度同样大于 $(FeCo)_xGe_{1-x}$ 的磁化强度，并且随着 FeCo 浓度的增大，高场区的磁化强度接近饱和。由图 4-7 可见，$(FeCo)_{0.70}Ge_{0.30}$-H 薄膜的饱和磁化强度为 567 emu/cm³，而 $(FeCo)_{0.70}Ge_{0.30}$ 薄膜的饱和磁化强度为 330 emu/cm³，前者的饱和磁化强度是后者的 1.72 倍。

由上述测试结果可见，与相同 FeCo 掺杂浓度的 $(FeCo)_xGe_{1-x}$ 薄膜相比较，氩氢混合气氛中制备的 $(FeCo)_xGe_{1-x}$-H 薄膜中饱和磁化强度无论是在低温还是在室温均得到显著增强。

4.4.3　磁化强度与温度的依赖关系

在外加 $H=10$ kOe 的面内磁场，温度测量范围是 $T=5$ K 到 $T=300$ K 的条件下，测量了 $(FeCo)_{0.70}Ge_{0.30}$ 和 $(FeCo)_{0.70}Ge_{0.30}$-H 薄膜的饱和磁化强度与温度的依赖关系 M-T 曲线。由图 4-8 可见，$(FeCo)_{0.70}Ge_{0.30}$ 薄膜的饱和磁化强度 M_S 随着温度 T 的升高而单调减弱，并且居里温度均远高于 300 K。$T=5$ K 时，饱和磁化强度 $M_S=433.03$ emu/cm³。$(FeCo)_{0.70}Ge_{0.30}$ 薄膜的 M-T 曲线在整个测量温度范围内可以用布洛赫 $T^{3/2}$ 定律很好地拟合，其中实心黑点表示实验测量值，实线表示拟合值。布洛赫 $T^{3/2}$ 定律公式如下：

$$M(T) = M_0(1 - BT^{3/2}) \tag{4-2}$$

图 4-9 给出 $(FeCo)_{0.70}Ge_{0.30}$-H 薄膜的 M-T 曲线，测量温度范围是 $T=5 \sim 300$ K。由图可见，$T=5$ K 时，薄膜的饱和磁化强度 $M_S=600$ emu/cm³，饱和磁化强度 M_S 随着温度 T 的升高也是单调减小。当温度 $T=300$ K 时，饱和磁化强

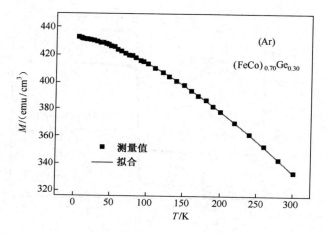

图 4-8 $T = 5 \sim 300$ K, $(FeCo)_{0.70}Ge_{0.30}$ 薄膜的 M-T 曲线

度 M_S 约为 565 emu/cm³。用布洛赫 $T^{3/2}$ 定律进行拟合，发现 $(FeCo)_{0.70}Ge_{0.30}$-H 的 M-T 曲线在低温区可以拟合得很好。然而，在高温区 ($T = 200 \sim 300$ K)，拟合点明显偏离实验点，显然高温区无法用布洛赫 $T^{3/2}$ 定律很好地拟合。

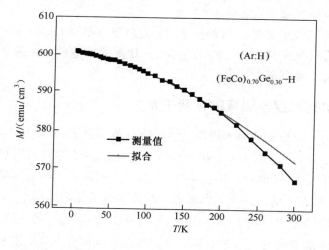

图 4-9 温度范围 $5 \sim 300$ K, $(FeCo)_{0.70}Ge_{0.30-H}$ 薄膜的 M-T 曲线

通过上面的分析发现，对于加氢 $(FeCo)_{0.70}Ge_{0.30}$-H 薄膜而言，只考虑单个自旋波激发是不全面的，所以考虑自旋波激发与 Stoner 电子激发[142,143]同时存在，磁化强度与温度的依赖关系用下面的公式表述：

第4章 非晶 FeCoGe-H 薄膜静态磁性测量及分析

$$M(T) = M_0(1 - BT^{3/2} - CT^{5/2} - AT^2) \tag{4-3}$$

其中，M_0 为温度 $T=0$ K 时的饱和磁化强度；$BT^{3/2}$ 项为单个自旋波激发，其中 B 为与材料有关的布洛赫常数；$CT^{5/2}$ 项为自旋波之间的相互作用；AT^2 项为 Stoner 电子激发。Stoner 电子激发是指被激发的电子从多子自旋通道反转到少子自旋通道的过程，这期间伴随着电子自旋方向的改变，其结果是降低了自旋交换劈裂，从而减弱了样品的磁化强度。

利用自旋波激发与 Stoner 电子激发同时共存的磁化强度与温度依赖关系式（4-3）对 $(FeCo)_{0.70}Ge_{0.30}$ 和 $(FeCo)_{0.70}Ge_{0.30}$-H 两种薄膜的 M-T 曲线分别进行数据拟合。发现在整个测量温度范围内（5~300 K），$(FeCo)_{0.70}Ge_{0.30}$ 和 $(FeCo)_{0.70}Ge_{0.30}$-H 两种薄膜的 M-T 曲线均被很好地拟合。这说明两种样品中的 Fe(Co) 磁性离子之间存在空穴载流子诱导的长程铁磁交换作用。其中，$(FeCo)_{0.70}Ge_{0.30}$ 薄膜的拟合参数值分别为 $M_0 = 433.03$ emu/cm^3，$B = 4.416 \times 10^{-5}$ K$^{-3/2}$，$C = 0$ 和 $A = 0$。$C = 0$，说明 $(FeCo)_{0.70}Ge_{0.30}$ 薄膜不存在自旋波相互作用项；$A = 0$，说明 $(FeCo)_{0.70}Ge_{0.30}$ 薄膜不存在 Stoner 电子激发项，即利用式（4-3）拟合的结果与布洛赫定律拟合结果一致。然而，对于 $(FeCo)_{0.70}Ge_{0.30}$-H 薄膜而言，其拟合参数值分别为 $M_0 = 600.46$ emu/cm^3，$B = 1.338 \times 10^{-5}$ K$^{-3/2}$，$C = 4.002 \times 10^{-8}$ K$^{-5/2}$ 和 $A = 5.906 \times 10^{-7}$ K^{-2}。这说明 $(FeCo)_{0.70}Ge_{0.30}$-H 薄膜不仅存在单个自旋波激发，而且同时存在自旋波相互作用和 Stoner 电子激发。拟合结果如图 4-10 和图 4-11 所示。

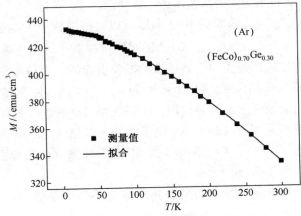

图 4-10 $(FeCo)_{0.70}Ge_{0.30}$ 薄膜的磁化强度与温度依赖关系 M-T 曲线

依据上述对 $(FeCo)_{0.70}Ge_{0.30}$-H 和 $(FeCo)_{0.70}Ge_{0.30}$ 两种薄膜 M-T 曲线的拟合结果，得出以下四方面的结论：

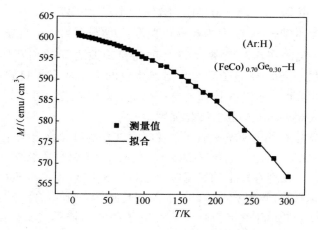

图 4-11 $(FeCo)_{0.70}Ge_{0.30}$-H 薄膜的 M-T 曲线关系

(1) $(FeCo)_{0.70}Ge_{0.30}$-H 薄膜的饱和磁化强度拟合值远大于 $(FeCo)_{0.70}Ge_{0.30}$ 薄膜的饱和磁化强度拟合值,这说明加氢有助于增强 $(FeCo)_{0.70}Ge_{0.30}$-H 薄膜内部的净自旋,从而增强了该薄膜的铁磁性。

(2) $(FeCo)_{0.70}Ge_{0.30}$-H 薄膜中的布洛赫常数拟合值 $B = 1.338 \times 10^{-5}$ K$^{-3/2}$,而 $(FeCo)_{0.70}Ge_{0.30}$ 薄膜中的 $B = 4.416 \times 10^{-5}$ K$^{-3/2}$,显然前者小于后者,说明加氢有助于 $(FeCo)_{0.70}Ge_{0.30}$-H 薄膜铁磁交换作用的增强。交换劲度系数 D 与布洛赫常数 B 之间的定量关系如式 (4-4) 所示。

(3) $(FeCo)_{0.70}Ge_{0.30}$ 薄膜的 M-T 曲线可以用布洛赫 $T^{3/2}$ 律很好地拟合(即 $B = 4.416 \times 10^{-5}$ K$^{-3/2}$,$C = 0$,$A = 0$)。说明在该样品中,磁化强度随着温度的升高而减弱的根本原因是由单个自旋波的激发引起的,而与 Stoner 电子激发和自旋波之间的相互作用无关。④对于 $(FeCo)_{0.70}Ge_{0.30}$-H 薄膜而言,在低温范围内,单个自旋波激发起主导作用,但是在相对高的温度范围内,单个自旋波激发、自旋波相互作用以及 Stoner 电子激发对磁化强度的减弱都发挥了重要的作用。依据式 (4-3),$T = 300$ K 时,以上三种激发的贡献分别为 $BT^{3/2} = 6.95\%$、$CT^{5/2} = 6.24\%$ 和 $AT^2 = 5.32\%$。

众所周知,布洛赫常数 B 与交换作用(交换劲度系数 D)之间的定量关系为[144]

$$D = \left(\frac{k_B}{4\pi}\right)\left(\frac{\zeta(3/2)g\mu_B}{M_0 B}\right)^{2/3} \qquad (4-4)$$

其中,k_B 为玻尔兹曼常数,1.38×10^{-23} J/K;$\zeta(3/2)$ 为黎曼函数,取 2.612;

第4章 非晶FeCoGe-H薄膜静态磁性测量及分析

g为朗德因子，取2；μ_B为玻尔磁矩，取$9.274×10^{-24}$ J/T）。

利用布洛赫常数B与交换劲度系数D之间的定量关系式（4-4）以及自旋波激发与Stoner电子激发同时共存的磁化强度与温度依赖关系式（4-3）拟合得到的M_0值和B值，求出$(FeCo)_{0.70}Ge_{0.30}$-H和$(FeCo)_{0.70}Ge_{0.30}$两种薄膜内部的交换劲度系数D值，分别为$D= 227.0$ meV·$Å^2$和$D = 127.4$ meV·$Å^2$。显然，$(FeCo)_{0.70}Ge_{0.30}$-H薄膜中的铁磁交换作用大于$(FeCo)_{0.70}Ge_{0.30}$薄膜中的铁磁交换作用，增强幅度为178%。

由上述静态磁性测量结果可见，加氢增强了$(FeCo)_xGe_{1-x}$-H非晶薄膜的铁磁性和交换作用。接下来，从电输运的角度来研究$(FeCo)_{0.70}Ge_{0.30}$-H薄膜中铁磁性和交换作用的增强是否源于氢元素钝化了Ge的悬挂键而释放了更多的空穴载流子，以及增强的铁磁性是否源于本征铁磁性。

4.4.4 纵向电阻率的测量

利用范德堡四端法测量了$(FeCo)_{0.70}Ge_{0.30}$-H和$(FeCo)_{0.70}Ge_{0.30}$两种薄膜电导率σ与温度T的依赖关系，测量温度范围从$T= 5$ K到$T= 300$ K，如图4-12所示。实心图标表示实验测量值，实线表示薄膜数据拟合值。

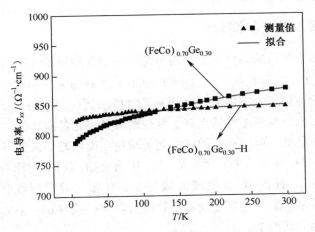

图4-12 $(FeCo)_{0.70}Ge_{0.30}$-H和$(FeCo)_{0.70}Ge_{0.30}$薄膜电导率与温度依赖关系σ_{xx}-T图

由图4-12可见，$(FeCo)_{0.70}Ge_{0.30}$-H和$(FeCo)_{0.70}Ge_{0.30}$两种薄膜的电导率均是随着温度的升高而缓慢增大，这是典型的金属-绝缘体转变金属边上的弱局域载流子的传导特点[120]，该特点用公式表述如下：

$$\sigma_{xx} = \sigma_0 + c_1 T^{1/2} + c_2 T \tag{4-5}$$

式中，σ_0 为温度 $T = 0$ K 时的电导率，$c_1 T^{1/2}$ 项为载流子之间的库仑相互作用，$c_2 T$ 项为弱局域载流子的电子-声子之间的非弹性散射[145,146]。利用式（4-5）对（FeCo）$_{0.70}$Ge$_{0.30}$-H 和（FeCo）$_{0.70}$Ge$_{0.30}$ 两种薄膜样品的电导率与温度依赖关系曲线 σ_{xx}-T 进行拟合，拟合结果如图 4-12 实线所示，显然实验值与公式拟合值吻合得较好。其中对于（FeCo）$_{0.70}$Ge$_{0.30}$-H 薄膜而言，$\sigma_0 = 818.42$ $\Omega^{-1} \cdot $cm^{-1}，$c_1 = 2.521$ $\Omega^{-1} \cdot cm^{-1} \cdot K^{-1/2}$ 和 $c_2 = -0.0468$ $\Omega^{-1} \cdot cm^{-1} \cdot $K^{-1}；对于（FeCo）$_{0.70}Ge_{0.30}$ 薄膜而言，$\sigma_0 = 771.52$ $\Omega^{-1} \cdot $cm^{-1}，$c_1 = 6.499$ $\Omega^{-1} \cdot cm^{-1} \cdot K^{-1/2}$ 和 $c_2 = -0.0285$ $\Omega^{-1} \cdot cm^{-1} \cdot $K^{-1}。

通过比较，发现（FeCo）$_{0.70}$Ge$_{0.30}$-H 与（FeCo）$_{0.70}$Ge$_{0.30}$ 两种薄膜电导率的大小差别甚微，如在温度 $T=5$ K 时，差别约为 5%，在温度 $T=300$ K 时，差别约为 -4%，显然氢的引入对（FeCo）$_{0.70}$Ge$_{0.30}$-H 薄膜的纵向电导率的影响非常小。从上述结果可以推断（FeCo）$_{0.70}$Ge$_{0.30}$-H 薄膜的载流子浓度基本没有变化。可见，样品（FeCo）$_{0.70}$Ge$_{0.30}$-H 铁磁性和交换作用的增强并不是源于氢钝化了 Ge 的悬挂键、释放出了更多的空穴载流子引起的，这与文献中样品磁性增强的机理是不一样的[123,147]。

■ 4.4.5 霍尔效应的测量

在磁场垂直膜面的条件下，利用范德堡四端法测量了（FeCo）$_{0.70}$Ge$_{0.30}$-H 和（FeCo）$_{0.70}$Ge$_{0.30}$ 薄膜从 $T=5$ K 到 $T=300$ K 不同温度下的霍尔效应 ρ_{xy}-H 回线。在磁场垂直膜面的条件下，也测量了与霍尔效应对应温度的 M-H 磁滞回线，本章前面研究薄膜磁性特点时，发现薄膜具有磁各向异性，面内磁场测量条件下是磁化易轴，所以前面的磁性测量均是在面内磁场条件下测量完成的。

由图 4-13 可见，$T=300$ K 时，在合适的双纵坐标标度下，薄膜（FeCo）$_{0.70}$Ge$_{0.30}$-H 的 M-H 磁滞回线与 ρ_{xy}-H 霍尔效应回线吻合得比较好，这说明反常霍尔电阻率主要受到磁化效应的影响，（FeCo）$_{0.70}$Ge$_{0.30}$-H 薄膜中存在自旋极化的载流子。

图 4-14 给出（FeCo）$_{0.70}$Ge$_{0.30}$ 薄膜在 $T=300$ K 时，霍尔电阻率及磁化强度随磁场的变化关系 ρ_{xy}-H、M-H 回线。由图可见，在合适的坐标标度下，M-H 磁滞回线与 ρ_{xy}-H 霍尔效应回线也同样吻合得比较好，这说明非加氢的（FeCo）$_{0.70}$Ge$_{0.30}$ 薄膜中的反常霍尔电阻率也是主要受到磁化效应的影响，其中也是存在自旋极化的载流子，表明样品中存在铁磁序[49,148]，并且样品的铁磁性是本征铁磁性。本书认为高 FeCo 浓度提供了高浓度的空穴和局域自旋，

第4章 非晶 FeCoGe-H 薄膜静态磁性测量及分析

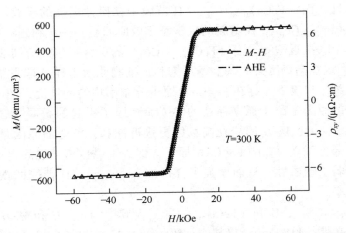

图 4-13 薄膜 $(FeCo)_{0.70}Ge_{0.30}$-H 的磁化强度及霍尔电阻率随磁场的变化关系

因此本征铁磁性应该源于强局域自旋的 FeCo 3d 电子间的铁磁交换耦合。当然，有人发现，当样品存在铁磁性团簇时，也观察到反常霍尔效应，如 Shinde 等[149]在 Co 掺杂 TiO_2 薄膜中同时观察到反常霍尔效应和磁性 Co 团簇。因此，提出不能把出现反常霍尔效应这一现象作为判断铁磁性源于本征属性的唯一依据。

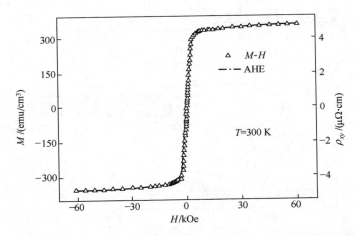

图 4-14 薄膜 $(FeCo)_{0.70}Ge_{0.30}$ 的磁化强度及霍尔电阻率与磁场的依赖关系

比较图 4-13 和图 4-14，发现 $(FeCo)_{0.70}Ge_{0.30}$ 薄膜中的反常霍尔电阻率小于 $(FeCo)_{0.70}Ge_{0.30}$-H 薄膜中的反常霍尔电阻率，这是源于反常霍尔效应正比于铁磁性，而（FeCo）$_{0.70}$Ge$_{0.30}$-H 薄膜中铁磁性更强的缘故。从图中还可发现（FeCo）$_{0.70}$Ge$_{0.30}$-H 薄膜的反常霍尔效应回线 ρ_{xy}-H 和磁滞 M-H 回线在高场区看上去接近饱和，而（FeCo）$_{0.70}$Ge$_{0.30}$ 的反常霍尔效应回线 ρ_{xy}-H 和磁滞 M-H 回线在高场区有一些上扬不饱和，推测原因为样品是非晶结构，在纳米或者亚纳米尺度下，存在 Fe(Co) 原子分布不均匀的情况，图 4-14 中的这种不饱和的原因是源于孤立存在的 Fe(Co) 原子引起的微弱顺磁性；而在图 4-13 中，ρ_{xy}-H、M-H 回线在高场区更接近饱和，可能的原因是引入的氢元素联系了部分孤立存在的 Fe(Co) 原子，促进了磁性离子之间自旋-自旋相互作用，减弱了顺磁性，从而增强了（FeCo）$_{0.70}$Ge$_{0.30}$-H 薄膜的铁磁性和反常霍尔电阻率。

（FeCo）$_{0.70}$Ge$_{0.30}$-H 和（FeCo）$_{0.70}$Ge$_{0.30}$ 薄膜中的 ρ_{xy}-H 和 M-H 回线相吻合的情形与文献［118］的结果基本一致。图 4-15 给出了文献［118］的测量结果。

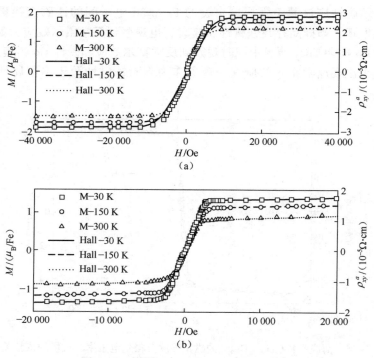

图 4-15　薄膜 Fe$_{0.5}$Ge$_{0.5}$、Fe$_{0.4}$Ge$_{0.4}$ 霍尔电阻率及磁化强度随磁场的变化关系

文献 [118] 认为这种相同温度下的 ρ_{xy}-H、M-H 回线重合得很好，表明样品中只有唯一的铁磁性相，并且这种观察到的铁磁性是本征铁磁性。高浓度掺杂的 Fe 元素在 Fe_xGe_{1-x} 薄膜中提供了高浓度的载流子和更多的具有局域磁矩的 Fe 离子。薄膜样品中的本征铁磁性起源于局域 Fe 离子的铁磁性交换耦合，而这种铁磁耦合源于 Fe 的掺杂代替了 Ge 的位置提供的弱局域的 s，p 空穴来传递的。这种强的具有回线的反常霍尔效应是样品中载流子自旋极化的重要标志。

4.5 本 章 小 结

本章的主要内容如下：

（1）利用超导量子干涉仪在温度 $T=5$ K 和 $T=300$ K 的条件下，分别测量了 $(FeCo)_xGe_{1-x}$-H 和 $(FeCo)_xGe_{1-x}$ （$0.22 < x < 0.70$）两种薄膜的磁性。发现在 FeCo 掺杂浓度相同的情况下，$(FeCo)_xGe_{1-x}$-H 薄膜的饱和磁化强度均明显大于 $(FeCo)_xGe_{1-x}$ 薄膜的磁化强度。$T=300$ K 时，$(FeCo)_{0.70}Ge_{0.30}$-H 和 $(FeCo)_{0.70}Ge_{0.30}$ 薄膜的饱和磁化强度分别为 567 emu/cm³ 和 330 emu/cm³，前者是后者的 1.72 倍。

（2）利用式（4-3）分别对 $(FeCo)_{0.70}Ge_{0.30}$ 和 $(FeCo)_{0.70}Ge_{0.30}$-H 两种薄膜的 M-T 曲线进行数据拟合。$(FeCo)_{0.70}Ge_{0.30}$-H 薄膜的饱和磁化强度拟合值（$M_0 = 600.46$ emu/cm³）远大于 $(FeCo)_{0.70}Ge_{0.30}$ 薄膜的饱和磁化强度拟合值（$M_0 = 433.03$ emu/cm³），即加氢增强了薄膜内部的净自旋，从而增强了其铁磁性。$(FeCo)_{0.70}Ge_{0.30}$-H 薄膜中的布洛赫常数拟合值明显小于 $(FeCo)_{0.70}Ge_{0.30}$ 薄膜中的拟合值，说明加氢有助于 $(FeCo)_{0.70}Ge_{0.30}$-H 薄膜铁磁交换作用的增强。$(FeCo)_{0.70}Ge_{0.30}$ 薄膜的 M-T 曲线可以用布洛赫 $T^{3/2}$ 律很好地拟合，说明在该样品中，磁化强度随着温度的升高而减弱的根本原因只是由单个自旋波的激发引起的。对于 $(FeCo)_{0.70}Ge_{0.30}$-H 薄膜而言，单个自旋波激发、自旋波相互作用以及 Stoner 电子激发都对磁化强度随着温度升高而减弱发挥了重要的作用。

（3）电输运测量结果表明，$(FeCo)_{0.70}Ge_{0.30}$-H 与 $(FeCo)_{0.70}Ge_{0.30}$ 两种薄膜的载流子浓度基本相同，显然加氢没有钝化 $(FeCo)_{0.70}Ge_{0.30}$-H 中的 Ge 的悬挂键，没有释放出更多空穴载流子。$(FeCo)_{0.70}Ge_{0.30}$-H 与 $(FeCo)_{0.70}Ge_{0.30}$ 两种薄膜的霍尔效应 ρ_{xy}-H 回线和 M-H 磁滞回线都吻合得非常好，表明样品中的传导电荷是自旋极化的，样品的磁性是本征铁磁性。

第5章
非晶 FeCoGe-H 薄膜动态磁性测量及分析

5.1 引　言

自旋不为 0 的粒子（如电子和质子）具有自旋磁矩，当我们把这样的粒子放入稳恒的外磁场中，粒子的磁矩就会和外磁场发生相互作用，其能级产生分裂，分裂后的两能级间的能量差 $\Delta E_1 = (h/2)\gamma B_0$，如果此时施加一垂直于稳恒磁场的交变电磁场，并且该交变电磁场的能量为 $\Delta E_2 = (h/2)\nu$。当 $\Delta E_1 = \Delta E_2$ 时，低能级上的粒子就要吸收交变电磁场的能量产生跃迁，即所谓的铁磁共振。所以，当铁磁体处于直流磁场与高频交变磁场同时作用的环境下，铁磁体内部就会发生一系列的物理现象，如旋磁性、共振吸收等。

磁化矢量在磁场中的运动方程首先由朗道和栗弗席兹提出，并且指出铁磁共振现象的必然性[150,151]。但是直到超高频技术有了显著的发展以后，铁磁共振现象的观测才被格利菲茨（Griffiths）[152]和札沃伊斯基分别作出。1949 年颇耳德（Polder）作出了朗道-栗弗席兹方程的线性解[153]。霍根（Hogan）在颇耳德工作基础上发明了铁氧体微波线性器件，这种器件在微波技术领域中引起了重大变革[154]。测量铁磁材料（电子自旋系统）的共振现象，即所谓铁磁共振所用的交变磁场频率都在超高频范围，所以交变磁场都是由微波电磁场产生的。

朗道-栗弗席兹方程即铁磁体内的旋磁性方程为

$$\frac{\partial M}{\partial t} = -\gamma M \times H_{\text{eff}} + \frac{\alpha}{M} M \times \frac{\partial M}{\partial t} \qquad (5-1)$$

其中，γ 为旋磁因子；M 为磁化强度；H_{eff} 为样品内有效磁场（外加磁场、样品内部各向异性场以及交换场的总和）；α 为阻尼参数。式（5-1）等号右边两项分别代表进动和能耗。在单轴各向异性系统，H_{eff} 又可以表示成如下公式[155,156]：

$$H_{\text{eff}} = -\nabla^2 \varphi + \frac{D}{g_{\mu_B} M} \nabla^2 M + \frac{2K_2}{M^2}(M \cdot e)e + H \quad (5-2)$$

其中，$-\nabla^2 \varphi = 4\pi \nabla \cdot M$ 为偶极力；D 为交换劲度系数；K_2 为单轴各向异性常数；e 为单轴方向上的单位矢量；H 为外加磁场。可见，长程偶极相互作用、短程交换作用、局域磁各向异性共同决定了磁性材料的静态和动态属性。当外加磁场垂直样品膜面，可以观察到自旋波共振谱，利用自旋波共振模式可以定量测定交换劲度系数 D 值。

5.2 一致进动模式

铁磁材料可以看成由很多具有磁矩的电子组成，材料的磁性来源于电子的磁矩。考虑一个具有自旋 S 处于外磁场 H 中的电子。经典理论认为电子的磁矩 μ 是

$$\mu = g_e \mu_B S \quad (5-3)$$

其中，g_e 为电子的朗德因子；μ_B 为波尔磁子。电子在磁场中受到的力矩是 $\mu \times H$，这个力矩垂直于电子的磁矩 μ，并不改变磁矩 μ 的大小，只改变磁矩 μ 的方向。所以电子的磁矩 μ 会围绕外磁场 H 做进动，进动的动力学方程是

$$\frac{d\mu}{dt} = \gamma_e \mu \times H \quad (5-4)$$

其中，γ_e 为旋磁比，它和朗德因子 g_e 的关系是

$$\gamma_e = g_e \frac{e}{2m_e} \quad (5-5)$$

其中，e 为电子电量；m_e 为电子质量。在一个小体积 ΔV 内有 n 个电子，每个电子的自旋磁矩是 $\mu_i (i = 1, 2, \cdots, n)$。磁化强度 M 为

$$M = \sum_{i=1}^{n} \frac{\mu_i}{\Delta V} \quad (5-6)$$

M 的动力学方程也可以用式（5-7）来描述，但是旋磁比不再是 γ_e，这是因为自旋角动量和轨道角动量相互耦合，材料的朗德因子 g_e 和自由电子不再一致，产生了新的旋磁比 γ。磁化强度 M 的动力学方程是

$$\frac{dM}{dt} = \gamma M \times H \quad (5-7)$$

相比于式（5-4）中的外磁场 H，式（5-7）中的 H 是指施加在 M 上的所

有磁场，包含若干分场，如静外磁场、微波场、磁晶各向异性场、退磁场等。首先，考虑静外磁场 H_{ext}，不失一般性的情况下可以假设 H_{ext} 沿 z 方向。式（5-7）在时域内的解如图 5-1 所示。

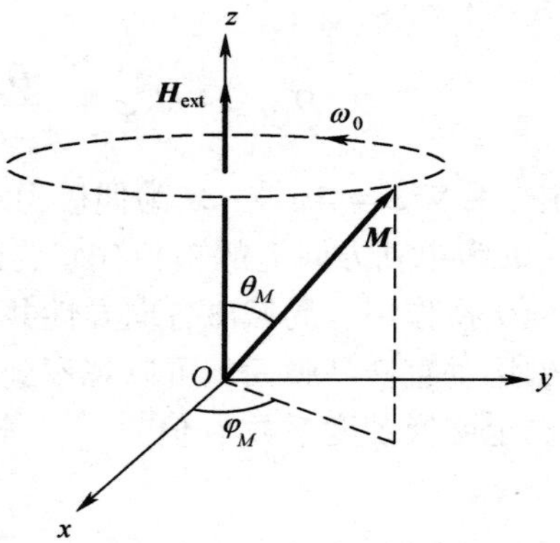

M 末端围绕图 5-1 中的虚线做圆周运动，中心是外磁场 H_{ext}，这种运动叫作进动。进动的频率是 ω_0。θ_M 是 M 和 H_{ext} 的夹角，θ_M 是 M 在 $x-y$ 面上的投影与 x 轴的夹角。在图 5-1 中，θ_M 是固定值，φ_M 是随时间变化的，即

$$\frac{d\varphi_M}{dt} = \omega_0 = \gamma H_{ext} \quad (5\text{-}8)$$

塞曼能密度 U_{Zee} 为

$$U_{Zee} = -\boldsymbol{M} \times \boldsymbol{H}_{ext} = -\boldsymbol{M} \cdot \boldsymbol{H}_{ext} \cos\theta_M \quad (5\text{-}9)$$

图 5-1 磁化强度 M 进动示意图

由此可见塞曼能密度 U_{Zee} 只和磁化强度 M 的方向有关，和方位角 θ_M 无关。θ_M 是固定值，是能量守恒的表现。磁化强度 M 可以写成时间 t 的方程：

$$\boldsymbol{M} = \begin{pmatrix} M_x \\ M_y \\ M_z \end{pmatrix} = \begin{pmatrix} m\cos(\varphi_0 + \omega_0 t) \\ m\sin(\varphi_0 + \omega_0 t) \\ M\cos\theta_M \end{pmatrix} \quad (5\text{-}10)$$

式中，$m = M\sin\theta_M$，φ_0 为 φ_M 的初始值。磁化强度 M 的 x，y 分量随着时间 t 做振荡变化，式（5-10）就表示磁化强度 M 的进动。

因为 H_{ext} 对整个材料来说都是定值，所以式（5-10）不仅适用于 ΔV，也适用于整个材料体系。φ_0 和 θ_M 是位置 r 和 M 的函数：$\varphi_0(r, M)$，$\theta_M(r, M)$。$M(r, t)$ 的傅里叶变换形式给出一系列波矢为 k，频率为 ω 的平面波，这些平面波称为自旋波。当 $k = 0$ 时，称为一致模式自旋波。此时，材料各处的 φ_M 相同，这种 M 的进动称为一致进动。微波激发一致进动模式基于两个假设：一是样品磁化饱和，即 $M = M_0$，M_0 为饱和磁化强度；二是 θ_M 足够小，磁矩方程中的非线性项很小，可以忽略。

在第 4 章中，利用超导量子干涉仪静态磁测量方法，已经获得 $(FeCo)_xGe_{1-x}$-H 的磁化强度大于 $(FeCo)_xGe_{1-x}$ 薄膜磁化强度的结果。为了更全面地分析 $(FeCo)_xGe_{1-x}$-H 和 $(FeCo)_xGe_{1-x}$ 薄膜内部磁性离子与空穴及氢之间的交换作用，本章将采用铁磁共振测试系统动态磁测量方法研究加氢对非晶

$(FeCo)_{0.70}Ge_{0.30}$-H 薄膜磁性的影响，也就是利用铁磁共振来研究 $(FeCo)_xGe_{1-x}$-H 和 $(FeCo)_xGe_{1-x}$ 薄膜自旋波激发情况（动态磁激发）。定量测定了 $(FeCo)_xGe_{1-x}$-H 和 $(FeCo)_xGe_{1-x}$ 薄膜交换劲度系数 D 值的大小，并且结合第 4 章测量结果分析了 $(FeCo)_{0.70}Ge_{0.30}$-H 样品中磁性和交换作用增强的机理。

5.3 实验结果与分析

5.3.1 自旋波共振场 H_r 与角度 θ_H 的依赖关系

室温的条件下，利用铁磁共振测试系统分别对 $(FeCo)_{0.70}Ge_{0.30}$-H 和 $(FeCo)_{0.70}Ge_{0.30}$ 薄膜样品进行铁磁共振测量。测试过程中，样品保持固定不动，转动提供直流磁场的永磁铁系统，以测试不同角度（θ_H = 90°、70°、50°、30°、20°、15°、10°、0°）对应的铁磁共振谱。测量时，首先将样品膜面与直流磁场 H 平行放置，并且尽可能使样品位于直流磁场中央。外加直流磁场 H 与膜面之间的夹角关系以及磁化强度 M 与膜面之间的夹角关系如图 5-2 所示。

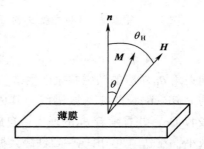

图 5-2 外加磁场 H 及磁化强度 M 与膜面法向 n 的对应关系

定义直流磁场 H 与膜面的法向 n 的夹角为 θ_H，定义磁化强度 M 与膜面法向 n 的夹角为 θ。这里我们主要关注样品的铁磁共振场 H_r 与夹角 θ_H 的角度依赖关系以及外场垂直膜面时具有多个模式的自旋波共振谱（spin-wave resonance，SWR）。测量频率为 12 GHz。

由图 5-3 可见，随着外加直流磁场 H 由面内（θ_H = 90°）转动到面外（θ_H = 0°）的过程中，$(FeCo)_{0.70}Ge_{0.30}$-H 薄膜的波谱发生了比较明显的变化。例如，当 θ_H = 0°时，共振谱包含了多个明显的 Portis-type 自旋波共振谱线[157]，其中最强的共振峰位于最高共振磁场 H_r = 8488 Oe 处。随着外加直流磁场 H 与膜面之间夹角 θ_H 的增大，自旋波共振模的个数减少，共振磁场减小（共振峰移向低场），当 θ_H = 15°时，只剩下一个比较窄的共振峰，该峰是一致铁磁共振模式，该角度 θ_H = 15°为临界角 θ_c。

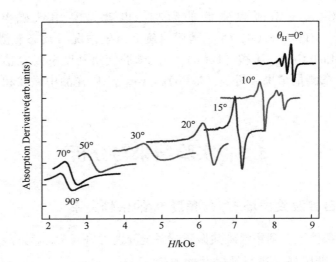

图 5-3 室温下，不同角度 θ_H 对应的 $(FeCo)_{0.70}Ge_{0.30}$-H 薄膜铁磁共振衍生谱

图 5-4 给出 $(FeCo)_{0.70}Ge_{0.30}$ 薄膜在外加直流磁场 H 与膜面法向 n 之间不同夹角 θ_H 对应的铁磁共振衍生谱。当 $\theta_H = 0°$ 时，共振谱也是包含了多个明显的 Portis-type 自旋共振谱线，其中最强的共振峰位于最高共振磁场处 $H_r = 7247$ Oe，并且随着 θ_H 的增大，自旋波共振模的个数也在减少，共振磁场也在减小，在 $\theta_H = 30°$ 出现一致铁磁共振模式。

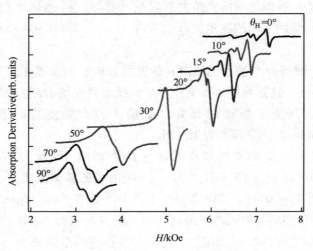

图 5-4 室温下，不同角度 θ_H 对应的 $(FeCo)_{0.70}Ge_{0.30}$ 薄膜铁磁共振衍生谱

第 5 章　非晶 FeCoGe-H 薄膜动态磁性测量及分析

由图 5-3 和图 5-4 可见，在 $\theta_H = 0°$ 时，$(FeCo)_{0.70}Ge_{0.30}$-H 和 $(FeCo)_{0.70}Ge_{0.30}$ 薄膜都有明显的分立驻波，表明 $(FeCo)_{0.70}Ge_{0.30}$-H 和 $(FeCo)_{0.70}Ge_{0.30}$ 薄膜样品中都具有室温长程铁磁序，这与第 4 章中 SQUID 静态磁性的测量结果一致。然而，$(FeCo)_{0.70}Ge_{0.30}$-H 薄膜的共振磁场（H_r = 8488 Oe）大于 $(FeCo)_{0.70}Ge_{0.30}$ 的共振磁场（H_r = 7 247 Oe），表明加氢增强了 $(FeCo)_{0.70}Ge_{0.30}$-H 薄膜的有效磁化强度。根据图 5-3 和图 5-4，获得 $(FeCo)_{0.70}Ge_{0.30}$-H(1#) 和 $(FeCo)_{0.70}Ge_{0.30}$(2#) 薄膜的 FMR 共振磁场 H_r 与角度 θ_H 的依赖关系参数，如表 5-1 所示。

表 5-1　$(FeCo)_{0.70}Ge_{0.30}$-H(1#) 和 $(FeCo)_{0.70}Ge_{0.30}$(2#) 薄膜的 FMR 共振磁场 H_r 与角度 θ_H 的依赖关系参数

角度 θ_H	0°	10°	15°	20°	30°	50°	70°	90°
H_r (1#)	8488	8231	7030	6252	4736	3163	2589	2468
H_r (2#)	7247	6836	6428	5958	5063	3821	3198	3022

接下来，我们定量分析 $(FeCo)_{0.70}Ge_{0.30}$-H 和 $(FeCo)_{0.70}Ge_{0.30}$ 薄膜中铁磁共振场 H_r 与夹角 θ_H 的依赖关系。在外加直流磁场 H 的作用下，自由能密度 E 表示为[158,159]

$$E = -HM\cos(\theta_H - \theta) + 2\pi M^2 \cos^2\theta - (K_1 + 2K_2)\cos^2\theta + K_2\cos^4\theta \tag{5-11}$$

式（5-11）等号右边第一项（$-HM\cos(\theta_H - \theta)$）表示塞曼劈裂能；第二项（$2\pi M^2\cos^2\theta$）表示静磁能；最后两项（$-(K_1 + 2K_2)\cos^2\theta + K_2\cos^4\theta$）表示各向异性能，保留到二阶。依据 Smit 和 Beljers 提出的一般方程[160]：

$$\left(\frac{\omega}{\gamma}\right)^2 = \frac{1}{M^2}\left[\frac{\partial^2 E}{\partial \theta^2} - \left(\frac{\partial E}{\partial \theta}\right)^2\right] \tag{5-12}$$

我们得到

$$\left(\frac{\omega}{\gamma}\right)^2 = [H_r\cos(\theta - \theta_H) - 4\pi M_{eff}\cos^2\theta + H_{K_2}\sin^2 2\theta] \times [H_r\cos(\theta - \theta_H) - 4\pi M_{eff}\cos 2\theta + 4H_{K_2}\sin^2 2\theta - \sin^2\theta] \tag{5-13}$$

再根据饱和磁化强度平衡方程，有下面的方程：

$$|H_r\sin(\theta - \theta_H) - 2\pi M_{eff}\sin 2\theta + 4H_{K_2}\sin^3\theta\cos\theta| = 0 \tag{5-14}$$

式（5-13）与式（5-14）中 H_r 代表共振场，$4\pi M_{eff} = 4\pi M_S - 2K_1/M_S$ 是有效磁化强度，$H_{K_1} = 2K_1/M_S$ 和 $H_{K_2} = K_2/M_S$ 分别是一阶和二阶各向异性场，$\omega = 2\pi f$ 是微波角频率，$\gamma = g_{eff}/2mC$ 是旋磁比，g_{eff} 是有效 g 因子。依据式（5-

13)，当外加直流磁场垂直膜面时（$\theta_H = 0°$），$H_r = H_\perp$，

$$\frac{\omega}{\gamma} = H_\perp - 4\pi M_{eff} \tag{5-15}$$

当外加直流磁场平行膜面时（$\theta_H = 90°$），$H_r = H_{//}$，

$$\left(\frac{\omega}{\gamma}\right)^2 = H_{//}(H_{//} + 4\pi M_{eff} - 4H_{K_2}) \tag{5-16}$$

将实验测量得到的 $H_\perp$ 和 $H_{//}$ 以及合适的旋磁因子，代入式（5-15）与式（5-16），我们得到 $(FeCo)_{0.70}Ge_{0.30}$-H 和 $(FeCo)_{0.70}Ge_{0.30}$ 薄膜的有效磁化强度 $4\pi M_{eff}$ 的值，和二阶各向异性场 H_{K_2} 的值，再利用由 SQUID 测出的饱和磁化强度 $4\pi M_S$ 就可以获得一阶各向异性场 H_{K_1} 的值，如表 5-2 所示。

表 5-2 $(FeCo)_{0.70}Ge_{0.30}$-H(1#) 与 $(FeCo)_{0.70}Ge_{0.30}$(2#) 薄膜的 FMR 与 SQUID 测量所得的相关磁性参数

样品	$H_\perp$/Oe	$H_{//}$/Oe	$4\pi M_{eff}$/Oe	$4\pi M_S$/Oe	H_{K_1}/Oe	H_{K_2}/Oe	$\gamma/(10^7\ Hz/Oe)$
1#	8488	2440	4350	7121	2771	-58	1.82
2#	7247	3022	3062	4182	1120	71	1.80

由表 5-2 可见，加氢 $(FeCo)_{0.70}Ge_{0.30}$-H 与未加氢 $(FeCo)_{0.70}Ge_{0.30}$ 的样品中，垂直膜面施加的外磁场 $H_\perp$ 都是大于平行膜面施加的外磁场 $H_{//}$，这是薄膜中存在退磁场的缘故。还发现 $(FeCo)_{0.70}Ge_{0.30}$-H 薄膜中的垂直膜面的外磁场 $H_\perp$ 大于 $(FeCo)_{0.70}Ge_{0.30}$ 薄膜中的垂直膜面的外磁场 $H_\perp$。然而 $(FeCo)_{0.70}Ge_{0.30}$ 薄膜中平行膜面的外磁场 $H_{//}$ 却大于 $(FeCo)_{0.70}Ge_{0.30}$-H 薄膜中的，这是因为 $(FeCo)_{0.70}Ge_{0.30}$-H 薄膜中的饱和磁化强度 $(4\pi M_S)$ 大于 $(FeCo)_{0.70}Ge_{0.30}$ 薄膜中的饱和磁化强度的缘故。

利用表 5-1 和表 5-2 中相关参数，得到 $(FeCo)_{0.70}Ge_{0.30}$-H(1#) 和 $(FeCo)_{0.70}Ge_{0.30}$(2#) 非晶薄膜的 FMR 共振磁场 H_r 与角度 θ_H 的依赖关系，如图 5-5 所示。图中分散的实心点是实验数据点，实线是依据式（5-13）~式（5-16）计算得出的理论数据。显然，实验数据与计算所得曲线吻合得较好。

5.3.2 自旋波劲度系数的定量研究

图 5-6 给出外加直流磁场 H 垂直膜面情况下（$\theta_H = 0°$），$(FeCo)_{0.70}Ge_{0.30}$-H 薄膜铁磁共振衍生谱。共振谱包含 5 个明显的 Portis-type 自旋波共振谱线，其

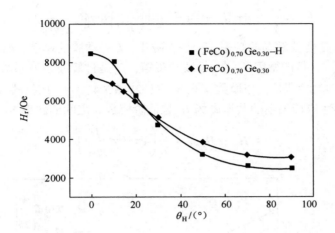

图 5-5 两种薄膜的 FMR 共振磁场 H_r 与角度 θ_H 的依赖关系

中最强的共振峰位于最高共振磁场 $H_r = 8\,488$ Oe 处,该处共振峰模数 $n=0$。

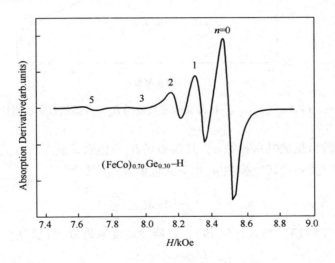

图 5-6 $(FeCo)_{0.70}Ge_{0.30}$-H 薄膜铁磁共振衍生谱

共振磁场 H_n 与自旋波的模数 n 的对应关系,如图 5-7 所示。显然,在低模数范围,共振磁场 H_n 与模数 n 成线性依赖关系,依据扩展的体不均匀模型(VI model)[157,161],共振磁场 H_n 与模数 n 的关系表述如下:

$$H_n = \frac{\omega}{\gamma} + 4\pi M_e - \left(n + \frac{1}{2}\right)\left(\frac{4}{L}\right)\left(4\pi M_e \varepsilon \frac{D}{g\mu_B}\right)^{1/2} \quad (5\text{-}17)$$

这里 ω 是微波磁场的频率，γ 是旋磁比，L 是薄膜的厚度，$4\pi M_e \varepsilon$ 是抛物势阱的深度，g 是朗德因子，μ_B 是波尔磁矩，D 是自旋波劲度系数。考虑到表面-体的不均匀性[161]，令模数 $n = 0, 1, 2, 3, 4, \cdots$，依据式（5-17），我们获得呈线性依赖关系的共振磁场 H_n 与低阶模数 n 之间的斜率 S：

$$S = H_n - H_{n+1} = \frac{4}{L}\left(4\pi M_e \varepsilon \frac{D}{g\mu_B}\right)^{1/2} \quad (5\text{-}18)$$

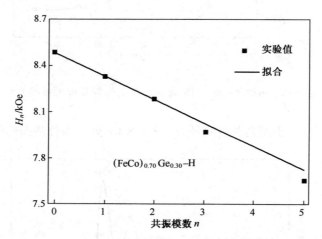

图 5-7　$(FeCo)_{0.70}Ge_{0.30}$-H 薄膜铁磁共振场 H_n 与共振模数 n 的对应关系

对于高阶自旋波共振模数 n，共振磁场 H_n 与模数 n 成二次方关系，从线性关系到二次方关系的转变模数 n_{tr} 用下式近似表述[159,162]：

$$n_{tr} + \frac{1}{2} = \frac{L}{4}\left(4\pi M_e \varepsilon \frac{g\mu_B}{D}\right)^{1/2} \quad (5\text{-}19)$$

结合式（5-18）与式（5-19），自旋波劲度系数 D 可以写成

$$D = \frac{L^2 g\mu_B}{16} \frac{S}{\left(n_{tr} + \frac{1}{2}\right)} \quad (5\text{-}20)$$

由图 5-7 中低阶模数的线性拟合，得到 $(FeCo)_{0.70}Ge_{0.30}$-H 薄膜中共振磁场 H_n 与低阶模数 n 之间的斜率 $S = 152.0$ Oe，转变模数 $n_{tr} = 2$，将这两个数值与膜厚 $L = 2000$ Å，$g = 2.0$ 和 $\mu_B = 5.796 \times 10^{-6}$ meV·Oe 一同代入式（5-20），从而得到 $(FeCo)_{0.70}Ge_{0.30}$-H 薄膜中自旋波劲度系数 $D = 176.2$ meV·Å^2。

第 5 章 非晶 FeCoGe-H 薄膜动态磁性测量及分析

图 5-8 和图 5-9 分别给出外加直流磁场 H 垂直膜面时，$(FeCo)_{0.70}Ge_{0.30}$ 薄膜铁磁共振衍生谱图以及 $(FeCo)_{0.70}Ge_{0.30}$ 薄膜铁磁共振场 H_n 与共振模数 n 的对应关系。

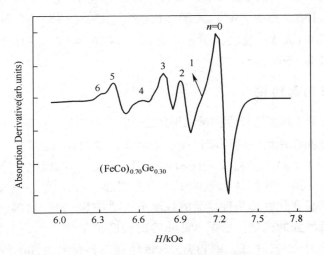

图 5-8 $(FeCo)_{0.70}Ge_{0.30}$ 薄膜铁磁共振衍生谱

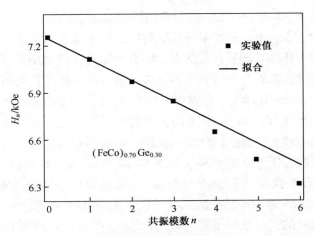

图 5-9 $(FeCo)_{0.70}Ge_{0.30}$ 薄膜铁磁共振场 H_n 与共振模数 n 的对应关系

同理，由图 5-9 中低阶模数的线性拟合，获得 $(FeCo)_{0.70}Ge_{0.30}$ 薄膜中共振磁场 H_n 与低阶模数 n 之间的斜率 $S = 136.4$ Oe，转变模数 $n_{tr} = 3$，将斜率 S、转变模数 n_{tr} 两数值与膜厚 $L = 2000$ Å，$g = 2.0$ 和 $\mu_B = 5.796 \times 10^{-6}$ meV·Oe

一同代入式(5-20),从而得到(FeCo)$_{0.70}$Ge$_{0.30}$薄膜中自旋波劲度系数$D=112.9$ meV·Å^2。

通过上述铁磁共振测量结果,发现(FeCo)$_{0.70}$Ge$_{0.30}$-H薄膜的自旋波劲度系数($D=176.2$ meV·Å^2)大于(FeCo)$_{0.70}$Ge$_{0.30}$薄膜的自旋波劲度系数($D=112.9$ meV·Å^2)。显然,加氢增强了(FeCo)$_{0.70}$Ge$_{0.30}$-H薄膜的交换作用,增强幅度为156%。

5.3.3 分析与讨论

本节结合第4章静态磁性测量结果,进一步分析讨论(FeCo)$_x$Ge$_{1-x}$-H薄膜中铁磁性和交换作用增强的可能机理。由第4章的图4-12可知,在整个测量温度范围内,(FeCo)$_{0.70}$Ge$_{0.30}$-H和(FeCo)$_{0.70}$Ge$_{0.30}$薄膜电导率的大小差别非常小,基本一致,我们认为氢的引入没有引起(FeCo)$_{0.70}$Ge$_{0.30}$-H薄膜载流子浓度的明显变化,即两种样品的载流子浓度基本一样,这样就排除了载流子诱导铁磁性增强的机制。依据Weber等的理论研究[86],Ge中的氢原子更容易以电负性的H-形式存在,因为Ge的悬挂键也具有电负性的特点,所以氢元素不能有效地钝化Ge的悬挂键,即不能有效增加载流子的浓度。Yao等报道的Si$_{1-x}$Mn$_x$-H样品中的氢元素有效地钝化了Si的悬挂键[80],使样品中载流子浓度增加了300%~500%,这与我们的情况是不同的。

众所周知,Ge$_{1-x}$Mn$_x$磁性半导体中的铁磁序来源于Mn原子空穴与局域磁矩间的铁磁相互作用,即替代位的Mn原子不仅提供局域磁矩(自旋),而且也提供弱局域的载流子(空穴)[42]。另外,第一性原理计算也指出在GeMn-H磁性半导体中,Mn-H-Mn复合物中氢的1s态与价态Mn之间存在很强的杂化作用,进而改变了Mn原子的自旋极化[83]。为了进一步理解样品(FeCo)$_x$Ge$_{1-x}$-H铁磁性增强的原因,用图5-10分析讨论(FeCo)$_x$Ge$_{1-x}$-H薄膜中铁磁性和交换作用增强的机理。如图5-10所示,Ge基中部分替代位的Fe(Co)原子不仅提供局域的磁矩(自旋),而且提供弱局域的载流子(类s、类p空穴)。而Ge基中间隙位的氢原子只提供局域的1s态电子,不提供传导载流子。弱局域的空穴载流子和局域的氢1s态的电子共同与Fe(Co)原子的3d电子强烈地杂化,因此通过s,p-d杂化建立起来Fe(Co)原子之间更强的自旋-自旋交换作用。

第4章中的图4-11所示,在(FeCo)$_{0.70}$Ge$_{0.30}$-H薄膜中,单个自旋波激发、自旋波之间的相互作用以及Stoner电子激发这三项在磁化强度随着温度的升高而减小方面共同起作用。但是,对于(FeCo)$_{0.70}$Ge$_{0.30}$薄膜,其磁化强度

第 5 章　非晶 FeCoGe-H 薄膜动态磁性测量及分析

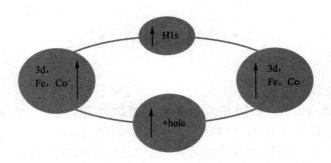

图 5-10　氢增强 $(FeCo)_xGe_{1-x}$-H 薄膜铁磁性的示意图

随着温度的升高而减小完全是由单个自旋波激发这一项引起的。依据图 5-10，推断随着温度的升高，一个杂化的氢 1s 态电子由于吸收了热量，其自旋将从自旋向上的子带反转到自旋向下的子带，即 Stoner 电子激发（AT^2 项）发生。在氢 1s 态电子自旋反转的过程中，两个单个自旋波的激发同时被诱导，其间的相互作用带来了 $CT^{5/2}$ 项。然而，如果没有氢，即在 $(FeCo)_{0.70}Ge_{0.30}$ 薄膜中，上面的情形就不存在。因此，氢原子的引入使得 AT^2 和 $CT^{5/2}$ 两项同时存在于 $(FeCo)_{0.70}Ge_{0.30}$-H 薄膜的 M-T 曲线中，同时也解释了在 $(FeCo)_{0.70}Ge_{0.30}$ 薄膜的 M-T 曲线中不存在上述两项的原因。

最后，讨论 Ge 基磁性半导体 $(FeCo)_xGe_{1-x}$-H 薄膜中磁化强度增强的原因。在 Ge 基中，显然空穴和氢原子本身不能提供重要的铁磁矩[163,164]。在 $(FeCo)_xGe_{1-x}$-H 薄膜中，空穴和氢原子的主要作用是传递 Fe(Co) 原子间的铁磁交换作用。然而，由于样品的正常霍尔效应与反常霍尔效应相比较，可以忽略不计，所以没有测出样品的载流子浓度。另外，用红外光谱也很难测出 $(FeCo)_xGe_{1-x}$-H 薄膜中氢原子的浓度。因此，本书不能精确地估计出空穴和氢原子对铁磁矩的贡献分别是多少，但是可以推理出，在 $(FeCo)_xGe_{1-x}$-H 薄膜中，增强的磁化强度主要来源于 Fe(Co) 原子。在非晶 $(FeCo)_xGe_{1-x}$-H 薄膜中，存在着非均匀分布的 Fe(Co) 原子，由于较大的间隔，一些孤立的 Fe(Co) 原子会显示顺磁行为。在 $(FeCo)_xGe_{1-x}$-H 薄膜中，一部分顺磁性的 Fe(Co) 原子通过氢的 1s 态电子和空穴建立起铁磁序。这也解释了我们利用静态磁性测量方法获得的 $(FeCo)_{0.70}Ge_{0.30}$-H 中的平均磁矩（$1.295\mu_B$/磁性原子）大于 $(FeCo)_{0.70}Ge_{0.30}$ 中的平均磁矩（$0.778\mu_B$/磁性原子）的原因。加氢增强 $(FeCo)_xGe_{1-x}$-H 非晶磁性半导体的磁化强度和交换作用，这可能为自旋电子学材料设计提供了一个新思路。

5.4 本章小结

本章的主要内容如下：

(1) 依据自旋波共振场 H_r 与角度 θ_H (外加直流磁场 H 与膜面之间夹角) 的依赖关系，在 $\theta_H = 0°$ 时，$(FeCo)_{0.70}Ge_{0.30}$-H 和 $(FeCo)_{0.70}Ge_{0.30}$ 薄膜都有明显的分立驻波，表明两种薄膜样品都具有室温长程铁磁序。$(FeCo)_{0.70}Ge_{0.30}$-H 薄膜的共振磁场大于 $(FeCo)_{0.70}Ge_{0.30}$ 的共振磁场，表明加氢增强了 $(FeCo)_{0.70}Ge_{0.30}$-H 薄膜的有效磁化强度。还发现在自旋波共振磁场 H_r 与角度 θ_H 的依赖关系中，实验数据与理论公式计算所得曲线吻合得很好。

(2) 依据自旋波共振磁场 H_n 与对应共振模数 n 的关系，得到 $(FeCo)_{0.70}Ge_{0.30}$-H 薄膜中交换劲度系数 D 值为 176.2 meV·Å^2，$(FeCo)_{0.70}Ge_{0.30}$ 薄膜中交换劲度系数 D 值为 112.9 meV·Å^2，前者是后者的 1.56 倍。显然，加氢增强了 $(FeCo)_{0.70}Ge_{0.30}$-H 样品中的铁磁交换作用，这与第 4 章中静态磁测量方法得到的结果是一致的。

(3) 分析了 Ge 基磁性半导体 $(FeCo)_xGe_{1-x}$-H 薄膜样品磁性增强的机理，在 Ge 基内部，空穴和氢原子的主要作用是传递 Fe(Co) 原子间的铁磁交换作用。部分替代位的 Fe(Co) 原子提供了局域的磁矩（自旋）和弱局域的载流子（类 s、类 p 空穴）。而间隙位的氢原子只提供局域的 1 s 态电子，不提供传导载流子。间隙位氢原子和部分替代位的 Fe(Co) 原子通过 s, p-d 杂化建立起 Fe(Co) 原子之间更强的自旋-自旋交换作用，从而增强了 $(FeCo)_xGe_{1-x}$-H 非晶薄膜的本征铁磁性。

第6章

非晶 FeCoGe 薄膜的电输运性质

6.1 引 言

在磁性半导体材料中,存在铁磁性的重要判据之一,就是存在由局域自旋与载流子自旋相互作用引起的反常霍尔效应。在该材料中,霍尔电阻率与磁场呈非线性关系,用下面的方程式表示[106]:

$$\rho_{xy} = R_0[H + 4\pi M_S(1-N) + R_S 4\pi M_S] \quad (6-1)$$

测量时,所加外磁场垂直样品膜面,此时退磁因子 N 近似等于 1,所以式(6-1)可以写成

$$\rho_{xy} = R_0 H + R_S 4\pi M_S \quad (6-2)$$

式(6-2)等号右边,R_0 为正常霍尔系数($R_0 = \frac{1}{ne}$),H 为外加磁场,($R_0 H$)项为正常霍尔效应,源于洛伦兹力的影响,具有弱的温度依赖性;R_S 为反常霍尔系数,M_S 为饱和磁化强度,($R_S 4\pi M_S$)项为反常霍尔效应,源于量子力学的自旋轨道耦合相互作用,受磁性材料磁化强度的影响,具有强的温度依赖性。在高磁场情况下,磁化强度与纵向电阻率趋于饱和,此时霍尔电阻率与磁场呈线性依赖关系,显示正常霍尔效应。

虽然一个多世纪以前,反常霍尔效应就被发现了,但是受限于体磁性材料的霍尔系数和霍尔灵敏度都太小,所以在自旋电子学应用领域一直未被重视。近年来,随着薄膜材料制备工艺的快速发展,人们在一些多层膜、薄膜、颗粒膜材料中,发现反常霍尔系数比正常霍尔系数高几个数量级,并且具有更高的灵敏度、弱的温度依赖性、低磁场线性依赖关系、无磁滞以及低成本等优点。显然,这对目前工业上基于正常霍尔效应的半导体传感元件所面临的高电阻率、低频响应、强的温度依赖性以及复杂的制备过程等问题,提出了一条更好

的替代途径。

本章重点研究非晶（FeCo）$_x$Ge$_{1-x}$薄膜的电输运性质（主要包括霍尔效应、磁电阻效应以及非晶（FeCo）$_x$Ge$_{1-x}$薄膜霍尔效应与纵向电阻率之间的关联）。

6.2 实验结果与分析

6.2.1 非晶 FeCoGe 薄膜的霍尔效应

利用磁控溅射仪在恒温水冷的玻璃基片上制备了一系列膜厚固定（$d=$ 100 nm）、FeCo 含量不同的 Ge 基（FeCo）$_x$Ge$_{1-x}$（$x = 0.59$、0.67、0.70、0.80、0.88）磁性半导体薄膜。将样品切成 4.0 mm×4.0 mm 大小，用范德堡四端法测量了该系列样品室温条件下的霍尔效应。（FeCo）$_x$Ge$_{1-x}$薄膜室温下的霍尔电阻率与磁场的依赖关系 ρ_{xy}-H 曲线如图 6-1 所示。测试结果表明，FeCo 含量为 $x=0.67$ 的（FeCo）$_{0.67}$Ge$_{0.33}$薄膜的饱和霍尔电阻率最大，约为 5.6 μΩ·cm。

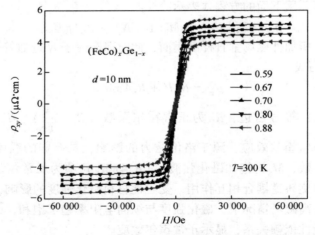

图 6-1 （FeCo）$_x$Ge$_{1-x}$（$0.59 < x < 0.88$）薄膜室温下的霍尔电阻率与磁场的依赖关系

接下来，本书将重点研究 FeCo 含量固定为 $x = 0.67$、厚度变化的（FeCo）$_{0.67}$Ge$_{0.33}$薄膜的霍尔效应。不同厚度（FeCo）$_{0.67}$Ge$_{0.33}$薄膜（$d = 7.6$ nm、13 nm、20 nm、100 nm）室温下的霍尔效应测试结果如图 6-2 和图 6-3 所示。

由图 6-2 可见，薄膜厚度不同的（FeCo）$_{0.67}$Ge$_{0.33}$薄膜，其霍尔电阻 R_{xy} 大小不同。薄膜厚度越小，霍尔电阻越大，即随 R_{xy} 随外加磁场 H 的变化强烈

第 6 章 非晶 FeCoGe 薄膜的电输运性质

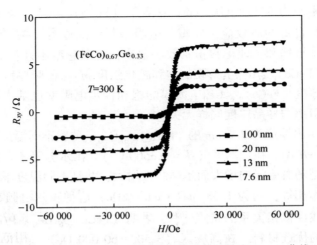

图 6-2 $(FeCo)_{0.67}Ge_{0.33}$ 薄膜室温下的霍尔效应 R_{xy}-H 曲线

地依赖于薄膜厚度 d 的大小,这与文献[55]的结果一致。当薄膜厚度 d = 7.6 nm 时,$(FeCo)_{0.67}Ge_{0.33}$ 薄膜的霍尔电阻 R_{xy} = 6.9 Ω。

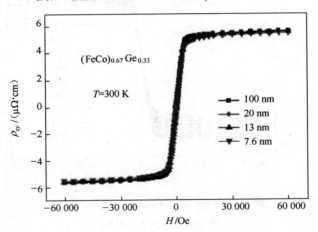

图 6-3 不同厚度 $(FeCo)_{0.67}Ge_{0.33}$ 薄膜室温下的
霍尔电阻率与磁场依赖关系

由图 6-3 可见,当 T = 300 K 时,对于不同厚度的样品,其霍尔电阻率随磁场的变化曲线几乎重合。例如,厚度为 7.6 nm 的 $(FeCo)_{0.67}Ge_{0.33}$ 薄膜的饱和霍尔电阻率为 5.265 μΩ·cm,厚度为 13 nm 的 $(FeCo)_{0.67}Ge_{0.33}$ 薄膜的饱和霍尔电阻率为 5.255 μΩ·cm,厚度为 100 nm 的 $(FeCo)_{0.67}Ge_{0.33}$ 薄膜的

饱和霍尔电阻率为 5.343 μΩ·cm，这表明 (FeCo)$_{0.67}$Ge$_{0.33}$ 薄膜的霍尔电阻率表现为薄膜自身的体效应，即霍尔电阻率与样品厚度无关[55]。在高场区，霍尔电阻率接近饱和，即正常霍尔效应很小，可以忽略不计，依据式 (6-2) 得出结论，(FeCo)$_{0.67}$Ge$_{0.33}$ 薄膜的饱和磁化强度 M_S 与薄膜厚度 d 无关。低于室温的不同厚度 (FeCo)$_{0.67}$Ge$_{0.33}$ 薄膜的饱和霍尔电阻率也基本相等，即低温下的霍尔电阻率与样品厚度同样无关。

图 6-4 给出厚度为 7.6 nm 的 (FeCo)$_{0.67}$Ge$_{0.33}$ 薄膜不同温度下 (5~300 K) 霍尔效应 ρ_{xy}-H 图。在低场区 (H = ±3500 Oe)，霍尔电阻率在整个测量温度范围内，均是随着磁场的增大而迅速线性增大，并且不同温度下的霍尔灵敏度 (ρ_{xy}/H) 基本相等，约为 1.38 (μΩ·cm)/kOe，这种霍尔电阻率与温度无关而与磁场成线性依赖关系的特点[165]，表明 (FeCo)$_{0.67}$Ge$_{0.33}$ 薄膜可以作为霍尔传感元件的优选材料。在高场区 (3 500~60 000 Oe)，霍尔电阻率接近饱和，这说明样品中的正常霍尔效应很微弱。

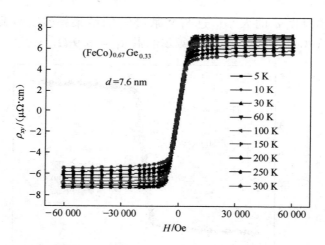

图 6-4 (FeCo)$_{0.67}$Ge$_{0.33}$ (d = 7.6 nm) 薄膜霍尔效应 ρ_{xy}-H 图

饱和反常霍尔电阻率 ρ_{xys} 通过高场线性部分到零场的外延截距获得。图 6-5 给出 (FeCo)$_{0.67}$Ge$_{0.33}$ (d = 7.6 nm) 薄膜饱和反常霍尔电阻率 ρ_{xys} 与温度 T 的依赖关系 ρ_{xys}-T，由图可见，饱和反常霍尔电阻率随着温度的升高而线性减小。

图 6-6 给出厚度为 13 nm 和 100 nm (FeCo)$_{0.67}$Ge$_{0.33}$ 薄膜的霍尔灵敏度温度依赖关系图。霍尔灵敏度指的是霍尔电阻率 ρ_{xy} 与外磁场 H 的比值。

第6章 非晶 FeCoGe 薄膜的电输运性质

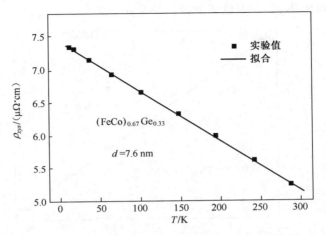

图 6-5 $(FeCo)_{0.67}Ge_{0.33}$ 薄膜饱和反常霍尔电阻率与温度的依赖关系 ρ_{xys}-T 图

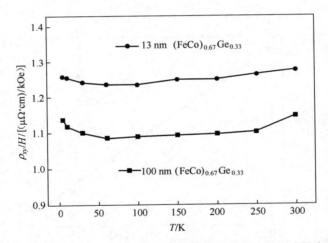

图 6-6 不同厚度的 $(FeCo)_{0.67}Ge_{0.33}$ 薄膜的霍尔灵敏度随温度的变化关系

由 6-6 图可见,在整个测量温区内,无论是 13 nm 厚的薄膜还是 100 nm 厚的薄膜,其霍尔灵敏度基本不随温度的变化而变化。然而,霍尔灵敏度与薄膜的厚度相关,13 nm 厚的 $(FeCo)_{0.67}Ge_{0.33}$ 薄膜的霍尔灵敏度约 1.28 $(\mu\Omega \cdot cm)/kOe$,100 nm 厚的 $(FeCo)_{0.67}Ge_{0.33}$ 薄膜的霍尔灵敏度约 1.10 $(\mu\Omega \cdot cm)/kOe$。综合考虑 7.6 nm、13 nm、100 nm 膜厚样品的霍尔灵敏度,发现随着薄膜厚度的增加,霍尔灵敏度在降低。

图 6-7 和图 6-8 分别给出 13 nm 厚和 100 nm 厚 $(FeCo)_{0.67}Ge_{0.33}$ 薄膜饱

和反常霍尔电阻率 ρ_{xys} 与温度 T 的依赖关系 ρ_{xys}-T。

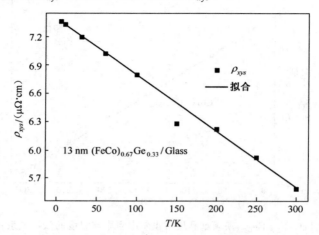

图 6-7 13 nm (FeCo)$_{0.67}$Ge$_{0.33}$ 薄膜的饱和霍尔电阻率 ρ_{xys} 随温度 T 的变化关系

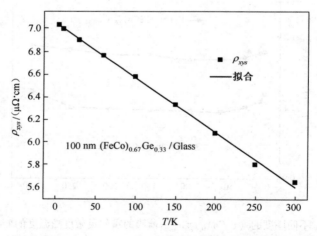

图 6-8 100 nm 厚的 (FeCo)$_{0.67}$Ge$_{0.33}$ 薄膜的饱和霍尔电阻率 ρ_{xys} 随温度 T 的变化关系

由图 6-8 可见，两种厚度的薄膜 (FeCo)$_{0.67}$Ge$_{0.33}$ 饱和反常霍尔电阻率随着温度的升高均呈现线性减小趋势。定义斜率值大小为

$$S = \frac{\Delta \rho_{xys}}{\Delta T} \tag{6-3}$$

依据式 (6-3)，13 nm 厚 (FeCo)$_{0.67}$Ge$_{0.33}$ 饱和反常霍尔电阻率随着温度的升高而线性减小的斜率值大小为 0.70%。100 nm 厚 (FeCo)$_{0.67}$Ge$_{0.33}$ 饱和反

常霍尔电阻率随着温度的升高而线性减小的斜率值大小为 0.49%。显然，13 nm （FeCo）$_{0.67}$Ge$_{0.33}$ 薄膜的斜率值大于 100 nm （FeCo）$_{0.67}$Ge$_{0.33}$ 薄膜的斜率值，这说明薄膜厚度影响着饱和反常霍尔电阻率随温度变化的依赖性，膜越薄，饱和反常霍尔电阻率对温度的依赖性越强。还发现，室温时，两种薄膜的饱和反常霍尔电阻率基本相等。

▌6.2.2 非晶 FeCoGe 薄膜的纵向电阻率

为了进一步分析样品中反常霍尔效应机理，考察样品中反常霍尔电阻率与纵向电阻率之间是否满足通常的标度关系 $\rho_{xys} \propto \rho_{xx}^n$（$1<n<2$），测量了 （FeCo）$_{0.67}Ge_{0.33}$（$d$=7.6 nm、13 nm、20 nm、100 nm）薄膜的纵向电阻率与温度的依赖关系。

图 6-9 给出了玻璃衬底上制备的 13 nm 和 100 nm 的 （FeCo）$_{0.67}$Ge$_{0.33}$ 薄膜的纵向电导率随温度的变化曲线 $\sigma_{xx}(T)$。由图 6-9 可知，（FeCo）$_{0.67}$Ge$_{0.33}$ 薄膜的电导率随温度的升高缓慢而平滑地升高，说明薄膜属于半导体导电。在 5~300 K 温区，电导率的变化幅度很小，约为 6%，表明薄膜内的载流子是弱局域的[166]。利用公式 $\sigma_{xx} = \sigma_0 + c_1 T^{1/2} + c_2 T$ 很好地拟合了 （FeCo）$_{0.67}$Ge$_{0.33}$ 薄膜的纵向电导率随温度变化曲线，表明 （FeCo）$_{0.67}$Ge$_{0.33}$ 薄膜内电子-电子相互作用、电子-声子相互作用对薄膜的电导都有显著的贡献[147,148,167]。

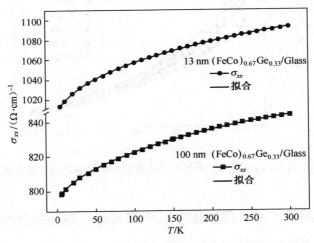

图 6-9 （FeCo）$_{0.67}$Ge$_{0.33}$ 薄膜的纵向电导率 σ_{xx} 随温度 T 的变化曲线

利用公式 $\sigma_{xx} = \sigma_0 + c_1 T^{1/2} + c_2 T$ 拟合 （FeCo）$_{0.67}$Ge$_{0.33}$ 薄膜的纵向电导率随温度的变化曲线 $\sigma_{xx}(T)$，拟合参数值如表 6-1 所示。

表 6-1　纵向电导率随温度的变化曲线拟合参考值

样品种类	膜厚 d/nm	$\sigma_0/(\Omega\cdot cm)^{-1}$	$c_1/[(\Omega\cdot cm)^{-1}K^{-1/2}]$	$c_2/(\Omega\cdot cm\cdot K)^{-1}$
$(FeCo)_{0.67}Ge_{0.33}$	13	999.05	6.29	−0.048 9
$(FeCo)_{0.67}Ge_{0.33}$	100	790.34	3.33	−0.009 8

图 6-10 给出不同厚度 $(FeCo)_{0.67}Ge_{0.33}$ (d = 7.6 nm、13 nm、20 nm、100 nm) 薄膜归一化的纵向电阻率与温度的依赖关系 $\rho_{xx}(T)/\rho_{xx}(300\,K) - T$。由图 6-10 可见,不同厚度样品的电阻率 ρ_{xx} 随着温度的降低都是缓慢增大,并且具有负的温度系数[168],呈半导体导电性质。但是在整个温度测量范围内,电阻率的变化比较小,约为 7%,具有弱的温度依赖性。利用在非晶材料中描述电阻率随温度变化的经验式 (6-3)[166] 对图 6-9 中的四条曲线 $\rho_{xx}(T)/\rho_{xx}(300\,K) - T$ 分别进行了拟合,发现均拟合得很好,表明样品 $(FeCo)_{0.67}Ge_{0.33}$ 是非晶。其中,式 (6-4) 中 A、B 和 Δ 都是拟合参数。

$$\frac{\rho(T)}{\rho(300\,K)} = A + B\exp\left(\frac{-T}{\Delta}\right) \tag{6-4}$$

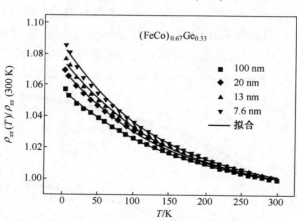

图 6-10　$(FeCo)_{0.67}Ge_{0.33}$ 薄膜归一化的纵向电阻率与温度的依赖关系

6.2.3　非晶 FeCoGe 薄膜霍尔电阻率与纵向电阻率的关联

关于反常霍尔效应的起源,目前公认的机制有两种:一种是内禀机制,一种是外在机制。外在机制指出饱和的反常霍尔电阻率 ρ_{xys} 与纵向电阻率 ρ_{xx} 之间遵循 $\rho_{xys} \propto \rho_{xx}^n$ 的标度关系。当 $n=1$ 时,是斜散射机制;当 $n=2$ 时,是边跳机制;当 $1<n<2$ 时,斜散射和边跳两种机制并存。实验发现,在有些材料体系

中[169-171]，这种标度关系是成立的；然而在许多合金化合物、异质磁性材料体系、多层膜以及颗粒膜中，反常霍尔电阻率与纵向电阻率之间并不严格满足上述关系，有很大的偏离[172-175]。此外，在颗粒膜 $Fe_{100-x}(SiO_2)_x$ 中[176]，反常霍尔电阻率与纵向电阻率之间的关系无法使用上述标度关系进行定量标度。理论研究方面，对于这种偏离通常标度关系 $\rho_{xys} \propto \rho_{xx}^n (1 < n < 2)$ 的行为，也仍在研究中[168,177]。对数坐标系下，反常霍尔电阻率与纵向电阻率之间的关系如图 6-11 所示，饱和反常霍尔电阻率与纵向电阻率与温度的依赖关系如图 6-12 所示，$T=5\ K$ 时，样品 $Fe_{100-x}(SiO_2)_x$ 反常霍尔电阻率与纵向电阻率的依赖关系如图 6-13 所示。

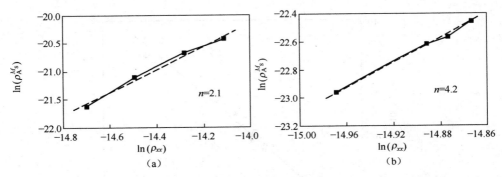

图 6-11　对数坐标系下，反常霍尔电阻率与纵向电阻率之间的关系[174]

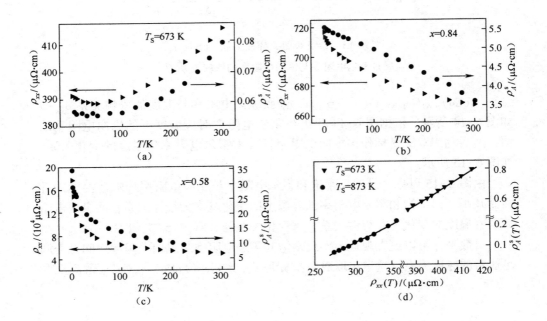

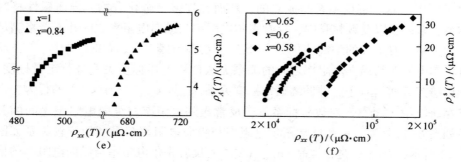

图 6-12 饱和反常霍尔电阻率与纵向电阻率与温度的依赖关系[175]

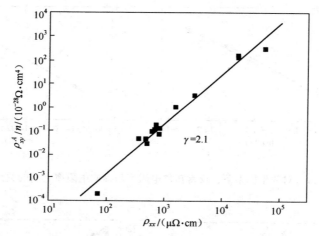

图 6-13 $T=5$ K 时，样品 $Fe_{100-x}(SiO_2)_x$ 反常霍尔电阻率与纵向电阻率的依赖关系[176]

$(FeCo)_{0.67}Ge_{0.33}$ ($d=7.6$ nm) 薄膜纵向电阻率与温度的依赖关系 ρ_{xx}-T 如图 6-14 所示。依据图 6-14 找出与霍尔电阻率对应温度下的纵向电阻率的值，然后利用双纵坐标作出纵向电阻率及反常霍尔电阻率随温度的变化关系，如图 6-15 所示。

由图 6-15 可见，虽然反常饱和霍尔电阻率与纵向电阻率均随着温度的升高而减小，但是饱和霍尔电阻率随着温度的变化基本为线性关系，而纵向电阻率随着温度的变化为非线性关系，该变化关系与文献[175]类似。

对数坐标可以更直观地考察反常饱和霍尔电阻率与纵向电阻率之间是否满足通常的标度关系，这里采取对数坐标形式，给出 $(FeCo)_{0.67}Ge_{0.33}$ 薄膜反常

第 6 章　非晶 FeCoGe 薄膜的电输运性质

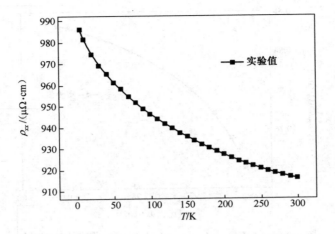

图 6-14　(FeCo)$_{0.67}$Ge$_{0.33}$（d = 7.6 nm）薄膜纵向
　　　　　电阻率与温度的依赖关系

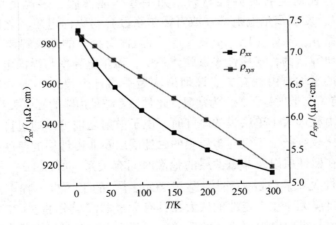

图 6-15　(FeCo)$_{0.67}$Ge$_{0.33}$（d = 7.6 nm）薄膜纵向电阻率和反常
　　　　　霍尔电阻率随温度的变化

饱和霍尔电阻率 ρ_{xys} 与纵向电阻率 ρ_{xx} 之间的关系，如图 6-16 所示。

显然，$\lg \rho_{xy}$ 与 $\lg \rho_{xx}$ 呈非线性依赖关系，无法拟合出 $\rho_{xys} \propto \rho_{xx}^n$ 标度关系中的指数 n。对其他厚度（d = 13 nm、20 nm、100 nm）的 (FeCo)$_{0.67}$Ge$_{0.33}$ 薄膜也进行了同样的数据分析，所得结果与图 6-16 中的情况一样，即霍尔电阻率与纵向电阻率之间不满足斜散射或者边跳的标度关系 $\rho_{xys} \propto \rho_{xx}^n$（$1 < n < 2$）。

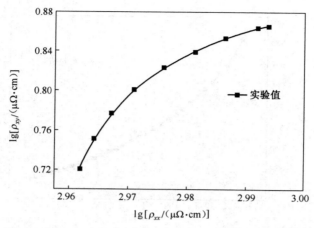

图 6-16 $(FeCo)_{0.67}Ge_{0.33}$ ($d=7.6$ nm) 薄膜的反常霍尔电阻率与纵向电阻率的依赖关系 $\lg\rho_{xy}$-$\lg\rho_{xx}$ 图

近年来，在研究各种磁性材料，如一些非晶薄膜、多晶薄膜或颗粒膜中[174,176,178]，发现霍尔电阻率（或者霍尔系数）与纵向电阻率之间不满足通常的标度关系 $\rho_{xys} \propto \rho_{xx}^n$（$1 < n < 2$），并且没有统一的理论解释。Zhang[177] 的早期理论研究认为，在磁性多层膜体系中，霍尔电导率与纵向电导率之间的关联和电子的平均自由程有关。该理论认为平均自由程远小于单层膜的厚度时，霍尔电导率与散射势无关，为常数，此时二者满足边跳的标度关系 $\rho_{xys} \propto \rho_{xx}^2$。对于平均自由程远大于单层膜的厚度时，电子散射之前可以通过许多层，此时霍尔电导率比较复杂，不仅与多层膜的磁性层以及非磁性层的厚度有关系，而且还与电子在磁性层以及非磁性层的弛豫时间有关系，所以 $\lg\rho_{xys}$ 与 $\lg\rho_{xx}$ 可能表现为非线性关系。Cheng 等[179] 基于 Zhang[177] 的平均自由程理论，将非磁性层转变为自旋无序相，定性地认为在具有大量非晶成分的 Fe_3N 薄膜中，反常霍尔电阻率与纵向电阻率之间的反常标度关系也许源于温度相关的自旋无序晶界和非晶无序相的散射。

$(FeCo)_xGe_{1-x}$ 是非晶或者纳米晶结构，在纳米或者亚纳米尺度下，虽然存在原子分布不均匀的情形，但是不存在非磁性金属颗粒，所以不能简单地用 Qin 等[175] 的理论来解释。非晶磁性半导体 $(FeCo)_xGe_{1-x}$ 薄膜中反常霍尔电阻率与纵向电阻率之间的标度关系还需要在实验和理论上做进一步的研究。

6.3 非晶 FeCoGe 薄膜磁电阻

图 6-17 给出玻璃衬底上制备的 13 nm 的 $(FeCo)_{0.67}Ge_{0.33}$ 薄膜在不同温度下磁电阻随外磁场的变化曲线。由图可见,在整个测量温区内,薄膜的磁电阻表现出负磁电阻效应,并且数值很小。在 T=5 K 时具有明显的双峰磁电阻,这说明样品具有铁磁性。随着外磁场从 $H=0$ kOe 增加至 $H=60$ kOe,薄膜的磁电阻缓慢增大,但是,直到 $H=60$ kOe 时磁电阻的数值仍然很小,不足 0.14%。与样品的霍尔效应测量结果相比较,微弱的磁电阻也是合情合理的。

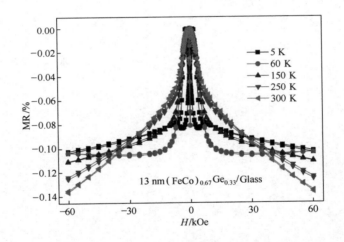

图 6-17　$(FeCo)_{0.67}Ge_{0.33}$ 薄膜在不同温度下
磁电阻 MR 随外磁场 H 的变化曲线

6.4 本章小结

本章的主要内容如下:

(1) 室温下,利用范德堡四端法测量了膜厚 $d=100$ nm 的 $(FeCo)_xGe_{1-x}$ $(0.59 \leqslant x \leqslant 0.88)$ 非晶薄膜的霍尔效应。FeCo 含量为 67% 的 $(FeCo)_{0.67}Ge_{0.33}$ 薄膜的饱和霍尔电阻率最大,并且整个测量温度 (5~300 K) 范围内,7.6 nm 厚的 $(FeCo)_{0.67}Ge_{0.33}$ 薄膜的霍尔电阻率在低磁场区间均是随

着磁场（-3500～+3500 Oe）的增大而迅速线性增大。另外，$(FeCo)_{0.67}Ge_{0.33}$ 薄膜霍尔灵敏度（ρ_{xy}/H）不随着温度的变化而变化，具有温度稳定性，不同温度下的霍尔灵敏度（ρ_{xy}/H）基本相等，约为 $1.38(\mu\Omega \cdot cm)/kOe$。

（2）测量了不同厚度 $(FeCo)_{0.67}Ge_{0.33}$ 薄膜的纵向电阻率与温度的依赖关系。测试结果表明，所有样品都具有负的温度系数，弱的温度依赖性，呈半导体导电性质。利用非晶薄膜电阻率与温度依赖关系的经验公式很好地拟合了 $(FeCo)_{0.67}Ge_{0.33}$ 薄膜电阻率与温度的依赖关系，表明样品是非晶结构。

（3）研究了非晶 $(FeCo)_xGe_{1-x}$ 薄膜霍尔电阻率与纵向电阻率的关联，发现非晶薄膜 $(FeCo)_{0.67}Ge_{0.33}$ 的反常霍尔电阻率与纵向电阻率之间的关联，与其他磁性材料（非晶薄膜、多晶薄膜或颗粒膜）一样，不满足通常的标度关系 $\rho_{xys} \propto \rho_{xx}^n (1 < n < 2)$。

第7章
$(FeCo)_{0.67}Ge_{0.33}$/Ge 异质结的非线性霍尔效应

7.1 引 言

无论从基础物理的角度还是从技术应用的角度,霍尔效应在凝聚态物理研究领域里都占有举足轻重的地位。众所周知,铁磁单层膜的霍尔效应通常包含正比于磁场的正常霍尔效应和正比于磁化强度的反常霍尔效应,其霍尔效应的机理是比较清楚的[100-102,106,180-185]。Manyala 等在多种 Si 基磁性半导体薄膜中发现了与能带结构有关的反常霍尔效应,这种霍尔效应的形成机理属于材料的本征机制,与杂质散射没有关系[186]。Aronzon 等研究了 $Si_{1-x}Mn_x$ 薄膜的磁性和反常霍尔效应,发现磁性结果与反常霍尔电阻率结果一致,表明样品中存在长程铁磁序[37]。另外发现在 Al_2O_3 和 GaAs 两种衬底上制备的 $Si_{1-x}Mn_x$ 薄膜的反常霍尔电阻率的符号与大小都不相同。在上述研究中,材料的霍尔效应都表现为薄膜自身的体效应,与界面无关。

然而,在两种不同材料构成的异质结中,发现了霍尔电压与磁场呈非线性关系的霍尔效应[187-191]。这种非线性霍尔效应有两种截然不同的解释:第一种认为不同材料构成的异质结具有浓度和迁移率不同的两种载流子,在外磁场下受到洛伦兹力作用产生了非线性的正常霍尔效应[187-189],但该模型没有考虑异质结界面势垒对电输运的影响。第二种认为异质结的非线性霍尔效应是反常霍尔效应,是由于异质结界面的 Rashba 自旋轨道耦合引起的[190,191]。在 $LaAlO_3/SrTiO_3$ 的氧化物界面区,Pb/Ge 的空间电荷层,以及单一量子阱这些异质结构中,AHE 和 SOC(spin-orbit coupling,自旋轨道耦合)大都是通过栅极电压和电流来调控的[192-195]。在半导体衬底与薄膜的界面处,通常可形成 P-N 结,如 N 型硅半导体衬底与 P 型铁磁半导体薄膜 MnSi 的界面。这种 P-N 结的较强内建电场可产生很强的界面 Rashba 自旋轨道耦合作用，其耦合强度受到外电压、载流子浓度、嵌入的绝缘层以及温度因素的影响。但该模型忽视了异质结双导电层输运对非线性霍尔效应的影响。区分并确定异质结中界面势垒、双导电层输运对非线性霍尔效应的贡献是一个亟待解决的重要问题。

7.2 Rashba 自旋轨道耦合

在异质结界面的二维电子气，由于结构反演不对称，存在较强的自旋轨道耦合引起的零场分裂，称为 Rashba 效应。虽然 Ge、Si 晶体是反演对称结构，但在 Ge/Si 异质结界面，却存在零磁场自旋分裂现象。在禁带比较宽的半导体中，零磁场自旋分裂机制主要源于 Dresselhaus 效应。在禁带比较窄的半导体中，零磁场自旋分裂机制主要源于 Rashba 效应，即这种分裂主要是源于哈密顿量中的自旋轨道耦合项 H_R（又名 Rashba 项）。对于被约束在 xy 平面内运动的电子，H_R 可以写作

$$H_R = \frac{\alpha}{\hbar}(\pmb{\sigma} \times \pmb{P})_Z - \alpha(\pmb{\sigma} \times \pmb{k})_Z = \alpha(\sigma_x k_y - \sigma_y k_x) \tag{7-1}$$

式中，k 为电子沿界面的波矢量；$\pmb{\sigma}$ 为用泡利自旋矩阵表示的电子自旋算符；α 为自旋轨道耦合系数，它的大小依赖于界面的性质和垂直于界面的电势分布。Rashba 项使电子的自旋和轨道的运动产生耦合，因而电子的轨道运动可以影响它的自旋状态。更重要的是，垂直于界面的适当大小电场可以对耦合的强度产生影响，这提供了一种操控电子自旋的方法。自旋轨道耦合源于运动电子产生的有效磁场和电子自旋的相互作用。Rashba 项可以借助这依赖于 k 的等效磁场 $\pmb{B}_R(k)$（又名 Rashba 场）进行描述。自旋环绕 Rashba 场以拉莫尔频率进动，其中 $\pmb{B}_R \propto \pmb{E} \times \pmb{k}$。

关于界面 Rashba 自旋轨道耦合的研究，已经有大量的报道，但是对于不同的材料体系和不同的调控方法，Rashba 效应各有差异。近年的研究表明，在 III-V 族掺杂非磁性元素 Al 的异质结 $Al_xGa_{1-x}N/GaN$ 中，虽然 Rashba 与 Dresselhaus 自旋轨道耦合共存，但是随着掺杂 Al 元素的增加，Rashba 自旋轨道耦合效应明显增强[196]。在氧化物异质结 $LaAlO_3/SrTiO_3$ 中，通过外加电场或电流可以有效调控异质结界面的 Rashba 自旋轨道耦合作用[193,197-202]；在 Fe/GaAs/Au 磁性隧道结中，隧穿各向异性磁电阻与自旋轨道耦合作用并存，然而源于 Rashba 自旋轨道耦合的作用却微乎其微[199]。

上述研究表明，通过改变杂质浓度或者外加电场都可以有效调控界面的 Rashba 自旋轨道耦合。

7.3 双带模型简介

1952 年 Chambers 提出双带模型的定义，并且推导出双带模型的基本公式。公式适用于任何简并的平行双带导电材料，它可以解释电场和磁场的作用下的样品的纵向电导与霍尔系数随外磁场的变化规律[203]。Smith 在 Semiconductors 一书中对双带模型的公式重新做了详细的解释和分析[204]。当外磁场很强时，必须考虑磁量子化效应，推出霍尔系数与外磁场没有关系；但是，在外磁场较弱的情况，霍尔系数与外磁场有关，可忽略磁量子化效应。随着半导体研究工作的大量增长，不断涌现出双带模型的其他名称，比如"双载流子导电"[205]和"双层模型"[187]，其本质都是材料中的载流子在两个并联的导电通道内传输。

近几年来，在多种材料体系中（多层膜、颗粒膜、晶体、非晶等）发现了"非线性霍尔效应"，这种特殊的霍尔效应受温度和磁场的影响比较大，有些研究利用双带模型解释这种非线性霍尔效应[206-210]。例如，Xu 等发现在低温下 FeSi 薄膜中存在这种特殊的霍尔效应[206]，如图 7-1 所示。笔者用双带模型很好地拟合了低温下霍尔系数随磁场的变化曲线，所以样品的这种特殊霍尔效应不是源于反常霍尔效应，而是来自双载流子通道机制。

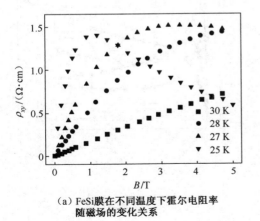

(a) FeSi膜在不同温度下霍尔电阻率随磁场的变化关系

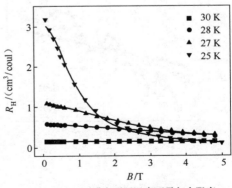

(b) FeSi膜在不同温度下霍尔电阻率随磁场的变化关系

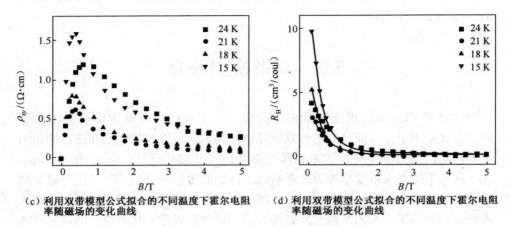

(c) 利用双带模型公式拟合的不同温度下霍尔电阻率随磁场的变化曲线 (d) 利用双带模型公式拟合的不同温度下霍尔电阻率随磁场的变化曲线

图 7-1 低温下 FeSi 薄膜的非线性霍尔效应

在 Ge:Mn 材料中，Zhou 等[207]报道了虽然低 Mn 含量的 GeMn 样品无磁性，在 20 K 时表现出反常霍尔效应，笔者用双带模型理论解释了这种反常霍尔效应的形成机制。如图 7-2 所示，不同低锰含量的 GeMn 样品在 $T=5$ K、20 K 以及 $T=50$ K 时的霍尔效应测量结果，$T=20$ K 时，Ge01（02，03）样品表现明显反常霍尔效应，$T=5$ K 到 $T=200$ K 温区，及 Ge03 样品中双带模型理论拟合的结果。

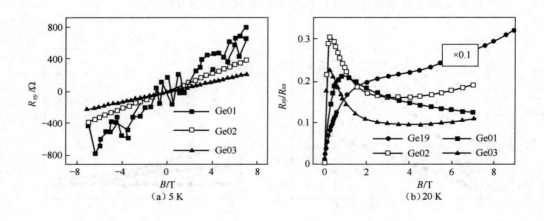

(a) 5 K (b) 20 K

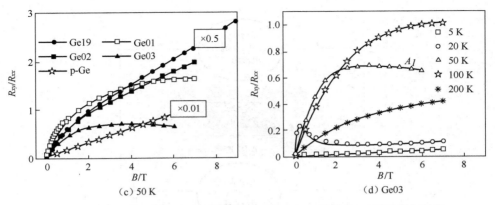

图 7-2 不同低锰含量的 GeMn 样品在 $T=5$ K、20 K 以及 50 K 时的霍尔效应

7.4 $(FeCo)_{0.67}Ge_{0.33}/Ge$ 异质结的制备和表征

利用磁控溅射仪在近本征的 N 型 Ge 基片上生长 $(FeCo)_{0.67}Ge_{0.33}$ 薄膜。室温下，Ge 基片的电阻率约为 50 Ω·cm。溅射前，利用机械泵和涡轮分子泵对样品生长腔室抽真空，抽到样品生长腔室的本底真空度为 1.0×10^{-5} Pa。溅射前，通氩气进入样品生长腔室，设定氩气气体流量为 13.6 sccm，腔室内压强设定为 1.4 Pa；溅射过程中，保持氩气气体流量为 13.6 sccm，镀膜腔室的压强稳定在 1.4 Pa，并且保持样品台旋转和 20 ℃恒温水冷，保持溅射靶材 20 ℃恒温水冷。溅射时，保持 FeCo 和 Ge 的生长速率分别为 0.024 nm/s 和 0.017 nm/s，制备了 $(FeCo)_{0.67}Ge_{0.33}$ 薄膜厚度为 13 nm 和 20 nm 的两种异质结。制备样品结束之后，为了防止样品被污染氧化，在样品上方溅射一层 2 nm 厚的 Ge 保护层。

利用范德堡四端法测量电输运特性前，首先将样品切成 4.0 mm×4.0 mm 方形，然后用铟制作电极并测量样品的 I-V 曲线，检验电极是欧姆接触还是肖特基接触，电极必须是欧姆接触。利用配备了 Keithley 2400 源表和 Keithley 2182 A 纳伏表的超导量子干涉仪测量样品的霍尔效应、纵向电导以及磁电阻等电输运特性。其中 SQUID 腔室提供变温度和变磁场的测量环境，Keithley 2400 提供直流电流，Keithley 2182A 测量样品两端的电压，具体的测试结构如图 7-3 所示。

SQUID 腔室放置样品时，采取外加磁场垂直于膜面的方式。为了阐述方

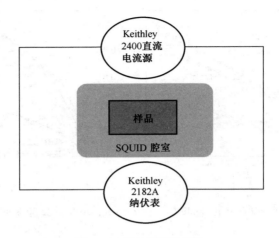

图 7-3　样品的测试结构

便，给各样品进行了编号，详见表 7-1。

表 7-1　样品编号

样品编号	制备态样品
样品 A	$(FeCo)_{0.67}Ge_{0.33}$/Ge 异质结（$(FeCo)_{0.67}Ge_{0.33}$ 膜厚 13 nm）
样品 B	$(FeCo)_{0.67}Ge_{0.33}$/玻璃基片（$(FeCo)_{0.67}Ge_{0.33}$ 膜厚 13 nm）
样品 C	$(FeCo)_{0.67}Ge_{0.33}$/Ge 异质结（$(FeCo)_{0.67}Ge_{0.33}$ 膜厚 20 nm）

7.5　实验结果及讨论

7.5.1　$(FeCo)_{0.67}Ge_{0.33}$/Ge 异质结的霍尔效应

由图 7-4 可见，$(FeCo)_{0.67}Ge_{0.33}$ 在整个测量温度范围内，霍尔电阻都保持低场区有微小磁滞，矫顽力约 10 Oe；高场区都接近饱和。随着温度升高，饱和霍尔电阻 R_H 呈略微下降趋势，由 $T=5$ K 时的 5.663 Ω 减小到 $T=300$ K 时的 4.292 Ω，该反常霍尔效应源于 $(FeCo)_{0.67}Ge_{0.33}$ 磁性半导体薄膜[211]。由于玻璃衬底是良好的绝缘体，在玻璃衬底上制备的 $(FeCo)_{0.67}Ge_{0.33}$ 薄膜的电输运性质可以看作 $(FeCo)_{0.67}Ge_{0.33}$ 单层薄膜本身的电输运性质。

样品 A $(FeCo)_{0.67}Ge_{0.33}$/Ge 的霍尔电阻与磁场的依赖关系如图 7-5 所示。

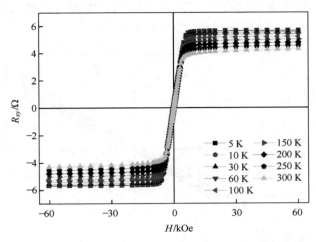

图 7-4 样品 B(FeCo)$_{0.67}$Ge$_{0.33}$/玻璃基片霍尔电阻与磁场的依赖关系

在温度 $T=5$ K 和 $T=10$ K 时，样品 A 与样品 B 的霍尔电阻随着磁场的变化关系几乎一样，即在低场区都有磁滞，矫顽力约 10 Oe，高场区都接近饱和，并且霍尔电阻基本相等，约等于 4.5 Ω。

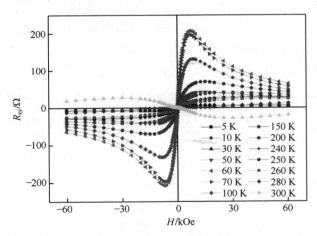

图 7-5 样品 A (FeCo)$_{0.67}$Ge$_{0.33}$/Ge 的霍尔电阻与磁场的依赖关系

然而，当温度高于 $T=10$ K 时，样品 A 的霍尔电阻急剧地非线性增大，并且当 $T=60$ K、外磁场 $H=8$ kOe 时，霍尔电阻达到峰值 206.44 Ω。显然这个数值远大于样品 B 的数值，是样品 B 的 41 倍。此外，样品 A 的霍尔电阻在 $T=300$ K 时由正变成负。显然，在温度区间 10~300 K，样品 A 的霍尔电阻表现出与样品 B 完全不同的特点。Ge 基片的霍尔电阻与磁场的依赖关系如图 7-6 所示。

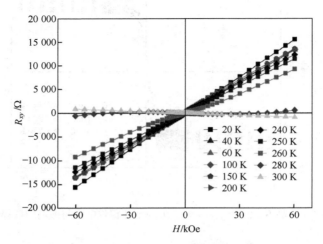

图 7-6 Ge 基片的霍尔电阻与磁场的依赖关系

由图 7-6 可见，低于室温情况下，Ge 的霍尔电阻与外场保持正的线性依赖关系，是典型的 P 型半导体导电行为。但是在室温时，Ge 的霍尔电阻与外场的线性依赖关系由 P 型转变成 N 型，这与文献的变化机理是一样的[187]。依据图 7-6 霍尔电阻与外磁场 H 依赖关系获得了 Ge 基片不同温度下的载流子浓度、电阻率以及迁移率等数值（见表 7-2）。

表 7-2 Ge 基片不同温度下的载流子浓度、电阻率以及迁移率等数值

温度 T/K	浓度 $n/(10^{12}\ m^{-3})$	电阻率 $\rho_{xx}/(\Omega \cdot cm)$	迁移率 $\mu/[10^4 m^2/(V \cdot s)]$
60	4.859	15.166 5	8.480 0
100	4.971	37.977 7	3.310 0
150	5.416	91.613 3	1.259 0
200	6.234	167.363 1	5.990 0
250	7.736	209.425 3	3.857 0
300	-76.83	33.552 6	0.242 4

显然，样品 A（FeCo）$_{0.67}$Ge$_{0.33}$/Ge 异质结的霍尔电阻既不同于样品 B（FeCo）$_{0.67}$Ge$_{0.33}$ 薄膜的霍尔电阻也不同于 Ge 基片的霍尔电阻。初步推断在（FeCo）$_{0.67}$Ge$_{0.33}$/Ge 异质结界面有界面势垒效应存在。当温度低于 10 K 时，没有传导载流子经过强的界面势垒，所以样品 A（FeCo）$_{0.67}$Ge$_{0.33}$/Ge 表现出

与样品 B (FeCo)$_{0.67}$Ge$_{0.33}$ 相同的反常霍尔效应,即为 (FeCo)$_{0.67}$Ge$_{0.33}$ 磁性半导体薄膜自身的霍尔效应特点。然而,在温度区间 10~60 K,急剧增大的非线性霍尔电阻可能源于界面 Rashba 自旋轨道耦合。随着温度的升高,界面两边的载流子在热激发的作用下增多,界面势垒高度和宽度变小,当传导载流子隧穿 (FeCo)$_{0.67}$Ge$_{0.33}$/Ge 异质结界面内建电场时,Rashba 自旋轨道耦合调控非线性霍尔效应,所以其霍尔电阻有明显增大的趋势。

为了进一步弄清楚 (FeCo)$_{0.67}$Ge$_{0.33}$/Ge 异质结界面势垒对非线性霍尔效应影响,也制备了膜厚为 20 nm (FeCo)$_{0.67}$Ge$_{0.33}$/Ge 异质结样品 C,其霍尔电阻与磁场的依赖关系如图 7-7 所示。

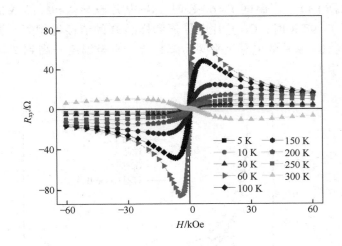

图 7-7 样品 C 的霍尔电阻与磁场的依赖关系

由图 7-7 可见,温度低于 10 K 时,样品 C 表现出与样品 A、样品 B 相同的霍尔电阻-磁场依赖关系,即霍尔效应完全是膜自身的效应。然而,当温度高于 10 K 时,样品 C 表现出与样品 A 相似的霍尔电阻-磁场依赖关系,不同的是,当 $T=60$ K,$H=8$ kOe 时,样品 C 的峰值 R_{xy} 只有 80 Ω,大概是样品 A 的 0.4 倍。由图 7-4、图 7-5 和图 7-7 得出 (FeCo)$_{0.67}$Ge$_{0.33}$/Ge 异质结中一定存在界面势垒,并且界面势垒对 (FeCo)$_{0.67}$Ge$_{0.33}$/Ge 异质结非线性霍尔电阻的影响与薄膜的厚度相关。膜层越薄,界面势垒效应越显著。本书中 (FeCo)$_{0.67}$Ge$_{0.33}$/Ge 异质结霍尔效应测量结果与在近本征的 N 型 Si 衬底上制备的 Mn$_{0.48}$Si$_{0.52}$ 非晶薄膜的霍尔效应具有同样的形成机理[190]。

7.5.2 $(FeCo)_{0.67}Ge_{0.33}/Ge$ 异质结纵向电导率

样品 A $(FeCo)_{0.67}Ge_{0.33}/Ge$ 异质结、样品 B $(FeCo)_{0.67}Ge_{0.33}$ 薄膜以及 Ge 基片的纵向电导与温度依赖关系（G_{xx}-T 曲线）如图 7-8 所示。样品 B 的电导在 T=5~300 K 温度区间内增加的幅度很小，从 T=5 K 时的电导 G = 0.001 33 Ω^{-1} 增加到 T=300 K 时的电导 G = 0.001 40 Ω^{-1}，这是典型的金属-绝缘体转变的金属边弱局域载流子的传导行为[118]，即 $(FeCo)_{0.67}Ge_{0.33}$ 薄膜自身的导电行为。对于 Ge 基片而言，在温度 T = 30 K 时，其电导 G = 0.010 5 Ω^{-1}，远高于样品 A 和样品 B 的电导。当温度从 T=30 K 升高到 T=100 K 内，Ge 基片的电导急剧下降。当温度 T=60 K 时，Ge 基片电导值和样品 A 的值接近相等，当温度 T=98 K 时，Ge 基片电导值和样品 B 的值接近相等。温度继续升高的过程中，Ge 基片的电导呈平缓下降趋势，直至温度升高到 T=250 K，其电导又缓慢增大。

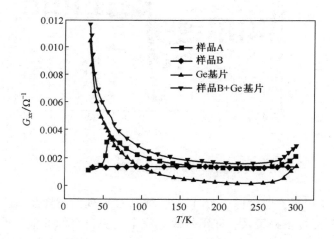

图 7-8 样品 A、样品 B 以及 Ge 基片的纵向电导与温度的依赖关系

样品 A 的电导温度依赖关系显然不同于样品 B 和 Ge 基片的电导温度依赖关系。样品 A 的电导温度依赖关系可以分为以下几个温区，当温度低于 45 K 时，在测量误差允许范围内，样品 A 的电导与样品 B 的电导接近相等，这表明该电导源于 $(FeCo)_{0.67}Ge_{0.33}$ 薄膜。当温度从 T=45 K 升高至 T=60 K，样品 A 的电导急剧增大，当 T=60 K 时，其峰值为 G = 0.003 46 Ω^{-1}，大约是样品 B 的 2.6 倍。这表明低温下导电良好的 Ge 衬底没有出现分流效应，原因是低

温下 (FeCo)$_{0.67}$Ge$_{0.33}$/Ge 异质结的界面势垒阻挡了 (FeCo)$_{0.67}$Ge$_{0.33}$ 薄膜中的载流子进入导电良好的 Ge 衬底。当温度从 $T=60$ K 升高至 $T=300$ K，样品 A 的电导表现出与 Ge 基片相同的变化趋势，即先是平缓下降然后缓慢升高。

基于 (FeCo)$_{0.67}$Ge$_{0.33}$ 薄膜和 Ge 基片的电导实验数据，我们依据平行电导相加原则，得到二者平行电导。由图 7-8 可见，在整个测量温区，(FeCo)$_{0.67}$Ge$_{0.33}$ 薄膜和 Ge 基片二者平行电导大于样品 A 的电导。尤其在温度低于 $T=60$ K，其值远大于样品 A 的电导，这表明低温区的界面势垒显著，其削弱了样品 A 的电导。当温度从 $T=60$ K 升高至 $T=300$ K，(FeCo)$_{0.67}$Ge$_{0.33}$ 薄膜和 Ge 基片二者平行电导表现出与样品 A 相同的变化趋势，这说明，随着温度的升高，样品 A 的界面势垒逐渐减弱，传导载流子可以经过界面，Ge 基片与 (FeCo)$_{0.67}$Ge$_{0.33}$ 薄膜共同参与了电传导。

■ 7.5.3 (FeCo)$_{0.67}$Ge$_{0.33}$/Ge 异质结的磁电阻

图 7-9 给出样品 A 在不同温度下磁电阻随外磁场的变化关系 MR-H 曲线。测量时，外加磁场垂直样品平面。磁电阻定义为

$$\mathrm{MR} = \frac{R_\mathrm{H} - R_0}{R_0} \times 100\% \tag{7-2}$$

式中，R_H 和 R_0 分别为在外加磁场不为 0 和外加磁场为 0 时测量的电阻值。

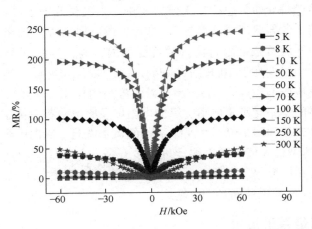

图 7-9　样品 A 磁电阻 MR 随外磁场 H 的变化关系 MR-H 曲线

由图 7-9 可见，在样品 A 的磁电阻与外磁场依赖关系中，当温度低于 10 K 时，磁电阻非常小并且为负，表现出与样品 B 一样的磁电阻性质（第 6 章图 6-17）。随着温度的升高，样品 A 的磁电阻由负磁电阻转变成正磁电阻，

并且在温度 $T=60$ K，$H=60$ kOe 时达到最大值，其值约为 250%，这与样品 B 的源于磁性半导体薄膜自旋相关的磁电阻完全不同。

图 7-10 是 Ge 基片的磁电阻与外磁场随着温度变化的依赖关系，显然在整个测量温区（5~300 K）始终保持正磁电阻。

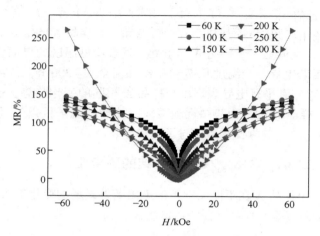

图 7-10　Ge 磁电阻 MR 随外磁场 H 的变化关系 MR-H 曲线

比较样品 A、样品 B 以及 Ge 基片磁电阻与外磁场随着温度变化的依赖关系，得出的结论是界面势垒存在于样品 A 中。当温度低于 $T=10$ K 时，界面势垒较强，阻挡了传导载流子隧穿进 Ge 基片，所以样品 A 表现出与样品 B 磁性半导体薄膜一样的负磁电阻行为。随着温度的升高，样品 A 异质结中界面势垒逐渐减弱，当温度高于 10 K 时，$(FeCo)_{0.67}Ge_{0.33}$/Ge 异质结正的磁电阻行为不仅源于 $(FeCo)_{0.67}Ge_{0.33}$ 层，还有界面势垒的作用。从 10 K 到 60 K 温区内，减弱的界面势垒对霍尔电阻、纵向电阻以及磁电阻都发挥了积极作用。结合图 7-5、图 7-8 和图 7-9，发现样品 A 的霍尔电阻、纵向电导以及磁电阻均是在 60 K 时达到最大值。随着温度进一步升高，$(FeCo)_{0.67}Ge_{0.33}$/Ge 异质结界面势垒高度和扩散层逐渐退去，载流子隧穿入 Ge 基片，从而 Ge 基片分流，与 $(FeCo)_{0.67}Ge_{0.33}$ 层共同参与电输运。

7.5.4　双带模型拟合

本节尝试用双带模型拟合从 60 K 到 250 K 温度区间的非线性霍尔效应[206,207,210,212,213]。对于材料中具有不同迁移率的两种载流子而言，其霍尔效应也是表现为非线性[189,209]。霍尔电阻的双带模型公式如下[208,214]：

$$R_{xy} = \frac{B}{e} \cdot \frac{(n_1\mu_1^2 + n_2\mu_2^2) + B^2\mu_1^2\mu_2^2(n_1 + n_2)}{(n_1\mu_1 + n_2\mu_2)^2 + B^2\mu_1^2\mu_2^2(n_1 + n_2)^2} \tag{7-3}$$

其中，B 为磁感应强度；n_1 和 n_2 分别为 (FeCo)$_{0.67}$Ge$_{0.33}$ 和 Ge 基片两种载流子浓度；μ_1 和 μ_2 为两种载流子的迁移率，并且假定迁移率只与温度相关；e 为载流子的带电量，其值为 1.6×10^{-19} C。

图 7-11 给出样品 A 由实验测量值和依据公式拟合值获得的 R_{xy}-H 霍尔效应曲线。

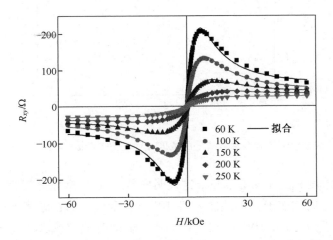

图 7-11　样品 A 的霍尔电阻与外磁场的依赖关系以及双带模型的拟合曲线

由图 7-11 可见，在温度 $T=60$ K 到温度 $T=250$ K 范围内，双带模型拟合曲线与实验测量值曲线基本吻合。然而，当温度低于 60 K 时，双带模型无法拟合实验获得的霍尔曲线关系。

表 7-3 给出从 60 K 到 250 K 各个温度下，利用双带模型公式（7-3）拟合的样品 A 的霍尔电阻随外磁场变化的拟合参数值。

表 7-3　拟合参数值

测量温度 T /K	多子浓度 n_1 /10^{18} m^{-2}	少子浓度 n_2 /10^{15} m^{-2}	迁移率 μ_1 /[m^2/(V·s)]	迁移率 μ_2/[m^2/(V·s)]
60	1.370	3.257	0.006 21	3.683 7
100	2.126	2.760	0.004 10	1.958 6
150	2.145	2.055	0.004 03	1.029 6
200	2.152	1.415	0.003 86	0.676 9
250	2.157	1.069	0.004 27	0.554 1

依据双带模型拟合出来的载流子浓度和载流子迁移率与温度的依赖关系，如图 7-12 所示。

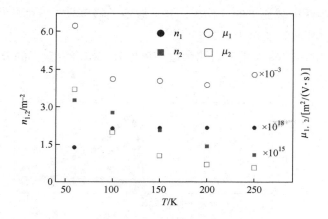

图 7-12 双带模型拟合两种载流子的浓度 $n_{1,2}$ 和迁移率 $\mu_{1,2}$ 随温度 T 的变化关系

载流子浓度 n_1，n_2 都是正的，这表明样品 A 是 P 型导电行为。并且发现，多数载流子（简称多子）的浓度 n_1 在 10^{18} m^{-2} 量级，如在温度 60 K 时，载流子的浓度 n_1 是 1.370×10^{18} m^{-2}，并且随着温度升高平缓增大。少数载流子（简称少子）的浓度 n_2 在 10^{15} m^{-2} 量级，如在温度 60 K 时，另一种载流子浓度 n_2 是 3.257×10^{15} m^{-2}，并且随着温度升高逐渐减小。显然，在整个测量温度范围内，载流子的浓度 n_1 比载流子的浓度 n_2 高三个数量级。此外，在 60 K 时，载流子迁移率 μ_1 和 μ_2 分别是 6.21×10^{-3} m^2/(V·s) 和 3.68 m^2/(V·s)，显然，与载流子浓度 n_1 对应的迁移率 μ_1 比 μ_2 低三个数量级。两种载流子的电导 $n_1\mu_1$ 与 $n_2\mu_2$ 处于同一数量级，即电导大小相当。

把上面获得的拟合参数代入公式 $G = n_e\mu$，我们得到两种载流子的电导值。在温度 T= 60 K 时，电导值分别为 1.36×10^{-3} Ω^{-1} 和 1.92×10^{-3} Ω^{-1}。上述两个电导的求和为 3.28×10^{-3} Ω^{-1}，这与图 7-8 中样品 A 的电导值（3.47×10^{-3} Ω^{-1}）基本一致。值得注意的是，从温度 T= 20 K 到 T= 250 K，载流子浓度 n_2 与 Ge 基片的载流子浓度保持相同的数量级。结合 (FeCo)$_{0.67}$Ge$_{0.33}$ 单层膜和 Ge 衬底的物性参数，可以确定 n_1 和 μ_1 为 (FeCo)$_{0.67}$Ge$_{0.33}$ 层的载流子浓度和迁移率，n_2 和 μ_2 为 Ge 衬底的载流子浓度和迁移率。

根据上面的分析，得出如下结论：(FeCo)$_{0.67}$Ge$_{0.33}$/Ge 异质结的霍尔电阻在 60~250 K 温度区间大致可以用两种空穴载流子的平行导电通道来描述，即空穴双带模型机制。纵向电阻的双带模型拟合公式如下[208,214]：

$$R_{xx} = \frac{1}{e} \cdot \frac{(n_1\mu_1 + n_2\mu_2) + B^2\mu_1\mu_2(n_1\mu_2 + n_2\mu_1)}{(n_1\mu_1 + n_2\mu_2)^2 + B^2\mu_1^2\mu_2^2(n_1 + n_2)^2} \quad (7-4)$$

把依据式（7-3）获得的拟合参数代入式（7-4），从而得到相应的拟合曲线关系，如图7-13所示。

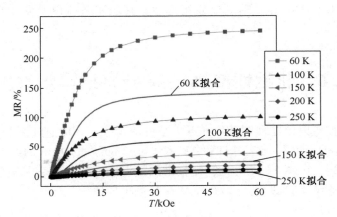

图7-13 样品A磁电阻MR随外磁场H的变化曲线，点是实验值，实线是拟合值

由图7-13可见，在测量温度60~250 K范围内，在正向磁场 $H=0$ kOe 到 $H=60$ kOe 区间内，样品A的磁电阻实验曲线与理论拟合曲线不吻合，尤其是 $T=60$ K 时，二者数值偏差明显，实验测得的近饱和磁电阻约为250%，而拟合磁电阻仅为125%，是实验测得的近饱和磁电阻的0.5倍，这说明 $(FeCo)_{0.67}Ge_{0.33}/Ge$ 异质结的磁电阻的形成机理并不符合双带模型机制。

综合上述霍尔效应测量结果和双带模型拟合数据结果，我们知道两种非磁载流子在磁场中的非线性霍尔效应本质上属于正常霍尔效应，它不同于由铁磁性载流子引起的反常霍尔效应。从温度 $T=5$ K 到 $T=300$ K 区间内，铁磁性 $(FeCo)_{0.67}Ge_{0.33}$ 薄膜本身的饱和反常霍尔电阻很小（见图7-4），$T=5$ K 时，饱和反常霍尔电阻为4.293 Ω，$T=300$ K 时，饱和反常霍尔电阻为5.663 Ω，与 $T=60$ K 时的 $(FeCo)_{0.67}Ge_{0.33}/Ge$ 异质结的非线性霍尔电阻的峰值206.438 Ω 相比，后者约是前者的48倍（见图7-5）。因此，在 $T=60$ K 到 $T=250$ K 温度区间，$(FeCo)_{0.67}Ge_{0.33}/Ge$ 异质结的非线性霍尔效应能用空穴双带模型描述，是因为忽略了 $(FeCo)_{0.67}Ge_{0.33}$ 薄膜的反常霍尔效应贡献。另外，双带模型也没有考虑界面势垒对非线性霍尔效应的影响。综合界面的Rashba自旋轨道耦合以及双带模型对非线性霍尔效应的贡献，我们认为在铁磁性

（FeCo）$_{0.67}$Ge$_{0.33}$薄膜和 Ge 衬底构成的（FeCo）$_{0.67}$Ge$_{0.33}$/Ge 异质结中，界面 Rashba 自旋轨道耦合与双导电通道对非线性霍尔效应都有贡献，但是基于目前的测试手段，还不能定量获得二者贡献的大小。

为了验证上述推断，本书利用磁控溅射仪在水冷恒温的条件下制备了非磁性 GeAl/Ge 异质结，采取研究（FeCo）$_{0.67}$Ge$_{0.33}$/Ge 异质结电输运的方法也研究了非磁性 GeAl/Ge 异质结的电输运特性。其霍尔效应以及双带模型拟合结果见 7.6 节。

7.6 非磁性 GeAl/Ge 异质结霍尔效应

利用磁控溅射仪在玻璃基片和近本征的 N 型 Ge 基片上分别制备了 13 nm 厚的非磁性 GeAl 薄膜。制备条件和测试方法与 13 nm 厚的（FeCo）$_{0.67}$Ge$_{0.33}$/Ge 异质结完全相同。由图 7-14 可见，在整个测量温度范围内，霍尔电阻与外磁场呈负线性变化关系，即 GeAl 薄膜仅具有 N 型半导体导电特性。

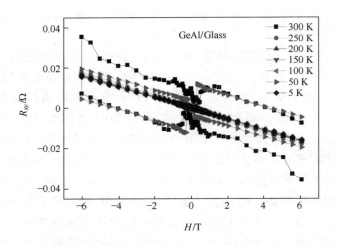

图 7-14 $T=5$ K 到 $T=300$ K 温度范围内，GeAl 薄膜的霍尔电阻与外磁场的依赖关系

如图 7-15 所示，在整个测量温度区间内，非磁性 GeAl/Ge 异质结表现出与（FeCo）$_{0.67}$Ge$_{0.33}$/Ge 异质结相似的变化趋势。随着温度从 $T=5$ K 升高，非线性霍尔效应急剧增大，当温度升至 $T=40$ K 时，非线性霍尔电阻达到极大值，约为 0.92 Ω。当温度升至 $T=300$ K 时，GeAl/Ge 异质结的非线性霍尔电阻也出现了变号现象，这与（FeCo）$_{0.67}$Ge$_{0.33}$/Ge 异质结非线性霍尔电阻表现

的完全一样，也是源于 Ge 基底的分流。不同的是，(FeCo)$_{0.67}$Ge$_{0.33}$/Ge 异质结非线性霍尔电阻远大于 GeAl/Ge 异质结的非线性霍尔电阻，前者是后者的 224 倍。

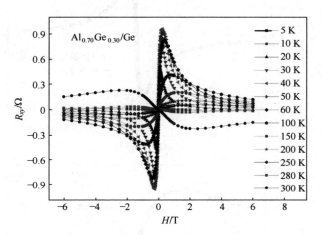

图 7-15　GeAl/Ge 异质结的霍尔电阻与外磁场的依赖关系

利用双带模型公式（7-3）对 GeAl/Ge 非磁性异质结的霍尔电阻进行了数据拟合，发现各个温度下的曲线依赖关系均能得到很好的拟合，图 7-16（a）~（c）分别给出温度 T=40 K、60 K、300 K 的拟合曲线。遗憾的是，由于 GeAl/Ge 非磁性异质结磁电阻信号非常弱，没能准确测量出其磁电阻的情况，所以无法进行磁电阻双带模型的拟合。通过对 GeAl/Ge 非磁性异质结的霍尔效应的研究，可以进一步确定 (FeCo)$_{0.67}$Ge$_{0.33}$/Ge 异质结在高温区时，一定有热激发传导载流子隧穿进入 Ge 基片，Ge 基片与 (FeCo)$_{0.67}$Ge$_{0.33}$ 薄膜共同参与了电输运。

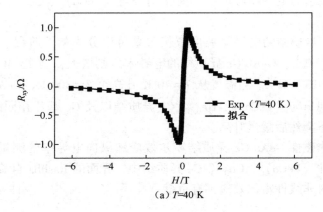

(a) T=40 K

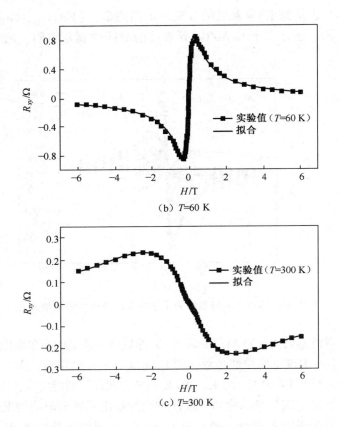

图 7-16 双带模型公式拟合 GeAl/Ge 霍尔电阻与外磁场的依赖关系

非磁性 GeAl/Ge 异质结的电导与温度的依赖关系如图 7-17 所示,发现 GeAl/Ge 异质结的电导随着温度的变化趋势与 (FeCo)$_{0.67}$Ge$_{0.33}$/Ge 异质结的相似。

GeAl/Ge 异质结的电导率温度依赖关系可以分为如下阶段,在温度区间 $T=5$ K 到 $T=40$ K,GeAl/Ge 异质结的电导率急剧增大,当 $T=40$ K 时,其峰值为 $G=0.0137\ \Omega^{-1}$。当温度从 $T=40$ K 升高至 $T=300$ K,GeAl/Ge 异质结的电导率表现出与 (FeCo)$_{0.67}$Ge$_{0.33}$/Ge 异质结以及 Ge 基片相同的变化趋势,即先是平缓下降然后缓慢升高。

通过对非磁性 GeAl/Ge 异质结霍尔效应和纵向电导率的测量研究,更加确定在铁磁性 (FeCo)$_{0.67}$Ge$_{0.33}$/Ge 异质结中,界面的 Rashba 自旋轨道耦合与双导电通道对非线性霍尔效应都有贡献。

第 7 章 (FeCo)$_{0.67}$Ge$_{0.33}$/Ge 异质结的非线性霍尔效应

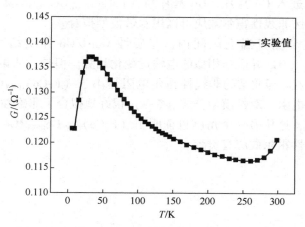

图 7-17 GeAl/Ge 异质结的电导与温度的依赖关系

7.7 本章小结

本章主要研究了 (FeCo)$_{0.67}$Ge$_{0.33}$/Ge 异质结的电输运特性，主要有霍尔效应、纵向电导以及磁电阻的测量与研究。通过对比分析霍尔效应、纵向电导以及磁电阻数据，得出以下四点结论。

(1) 温度低于 10 K 时，在 (FeCo)$_{0.67}$Ge$_{0.33}$/Ge 异质结界面一定存在强的界面势垒效应，阻挡载流子隧穿进入 Ge 基片，(FeCo)$_{0.67}$Ge$_{0.33}$/Ge 异质结的霍尔效应、纵向电导以及磁电阻表现出与 (FeCo)$_{0.67}$Ge$_{0.33}$ 薄膜自身霍尔效应、纵向电导以及磁电阻相一致的结果。

(2) 在 10~60 K 温度区间，热激发载流子隧穿 (FeCo)$_{0.67}$Ge$_{0.33}$/Ge 异质结界面势垒，增强的非线性霍尔电阻应该归因于反常霍尔效应，该反常霍尔效应源于界面 Rashba 自旋轨道耦合[10]。利用外加电场调控霍尔电压是验证 Rashba 自旋轨道耦合的一种手段，但是，由于 (FeCo)$_{0.67}$Ge$_{0.33}$/Ge 异质结载流子浓度较高，施加的外电场很容易导致载流子击穿界面势垒，所以本书未采用外加电场调控霍尔电压的测试手段。然而，依据笔者前期工作[190]，可以合情合理地推断该温度范围的非线性霍尔效应源于界面 Rashba 自旋轨道耦合引起的反常霍尔效应。

(3) 随着温度的进一步升高，界面势垒高度和强度继续减弱，热激发传导载流子隧穿进入 Ge 基片，Ge 基片与 $(FeCo)_{0.67}Ge_{0.33}$ 薄膜共同参与电输运。所以高温区非线性霍尔效应可以用双带模型拟合。

(4) 在整个测量温度区间内，非磁性 GeAl/Ge 异质结表现出与磁性 $(FeCo)_{0.67}Ge_{0.33}$/Ge 异质结相似的电输运变化趋势。但是，从霍尔电阻值大小上来看，GeAl/Ge 异质结的非线性霍尔电阻远小于 $(FeCo)_{0.67}Ge_{0.33}$/Ge 异质结非线性霍尔电阻。双带模型公式（7-3）很好地拟合了非磁性 GeAl/Ge 异质结的霍尔电阻，这从另一个角度也证明了 $(FeCo)_{0.67}Ge_{0.33}$/Ge 异质结中双导电通道对非线性霍尔效应有贡献。

第 8 章

FeCoGe/Ge 肖特基异质结中的整流磁电阻效应

8.1 引　　言

整流效应和磁电阻效应是异质结材料通常具备的两种基本物理属性，并且都具有广泛的应用价值。众所周知，基于半导体 P-N 结或肖特基结制备的二极管是微电子工业的基本元器件，并且已经被广泛地应用于整流、稳压、限流以及检波等领域。随着科技的发展，人们在磁隧道结、巨磁电阻条带、各向异性磁电阻条带中又发现了自旋整流效应[215-220]。自旋整流效应的基本原理是微波场与磁电阻效应的非线性耦合，在自旋整流效应的基础上实现了铁磁共振的电检测以及自旋微波振荡器的制备。截至目前，磁电阻效应的种类也发现很多，如巨磁电阻效应[6]、各向异性磁电阻效应[220]、隧穿磁电阻效应[222]等。磁电阻效应在磁传感器、磁读头以及磁随机存储器中有重要的应用价值。最近，在 Pt/YIG 异质结中发现了自旋霍尔磁电阻效应[223,224]。

随着电子器件小型化、高集成、低功耗技术的发展需求，人们在探索研究元器件性能的过程中，不遗余力地挖掘材料或者元器件中并存的多种功能。例如，整流效应和磁电阻效应共存的体系近年来已经有许多研究报道。2006 年，Xiong 等[225]在 $La_{0.33}Ca_{0.67}MnO_3/NbSrTiO_3$ N-N 异质结中观测到了巨大的正磁电阻和明显的整流效应，该磁电阻效应起源于磁场改变了界面处电子态的填充状态。2013 年，Yang 等[226]在硅基的 P-N 结中不仅发现样品在各个磁场下的 I-V 曲线严格遵循传统 P-N 结的输运方程（具有整流效应），还发现了室温下能达到 2 500% 的巨大磁电阻效应，该磁电阻效应源于外磁场改变了 P-N 结空间电荷区的分布，引起载流子浓度、电场分布的不均匀，进而导致了大的各向异性磁电阻效应。

在磁性异质结研究方面，如氧化锌[227]、锗基磁性半导体异质结[228,229]

以及研究较多的钙态矿[230-236]材料体系都有大量报道,这些异质结结构均表现出了新颖的物理特性,如磁场调控的整流效应和磁电阻效应。然而,这些磁性异质结二极管中观察到的磁电阻效应并没有统一的理论解释,目前,多数的理论解释都与外加磁场和电场调控异质结界面材料的态密度(DOS)有关,进而影响了异质结的输运性质。

秦羽丰[237]利用磁控共溅射设备在 P 型、N 型和近本征单晶 Ge 半导体衬底上分别制备了 $Fe_{0.40}Ge_{0.60}$/Ge 异质结,发现在 P 型 Ge 衬底上制备的异质结具有较大的电流密度和非对称 I-V 曲线。在 N 型 Ge 衬底上制备的异质结表现出典型的二极管单向导通整流性质,即外加反向偏压时电流几乎为 0。还发现上述两类异质结在有无外加磁场条件下测量的 I-V 曲线都没有明显的差别,换句话说,在这两类异质结的电输运性质测试时没有发现磁电阻效应。然而,在近本征 Ge 衬底上制备的 $Fe_{0.40}Ge_{0.60}$/Ge 异质结却同时具有二极管整流效应和正磁电阻效应。当 T=10 K、外加 0.4 V 正向偏压和 3 000 Oe 磁场条件下,不同衬底上制备的 $Fe_{0.40}Ge_{0.60}$/Ge 异质结的 I-V 曲线,如图 8-1 所示。其中,近本征 Ge 衬底上制备的异质结正磁电阻为 20%。

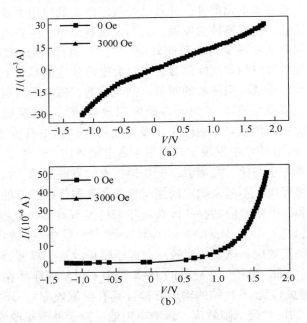

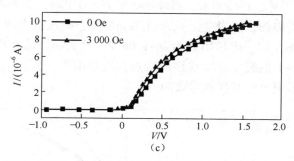

图 8-1　$T=10$ K，P 型、N 型、近本征 Ge 衬底上制备的 $Fe_{0.40}Ge_{0.60}$/Ge 异质结的 $I-V$ 曲线

本章重点研究 1.0 mm×1.5 mm 的 $(FeCo)_{0.67}Ge_{0.33}$/Ge 肖特基异质结的整流效应和磁电阻效应。

8.2　肖特基异质结的制备和表征

利用磁控溅射仪结合掩膜板在近本征的 Ge 基片上制备了大小为 1.0 mm×1.5 mm 的 $(FeCo)_{0.67}Ge_{0.33}$/Ge 肖特基异质结，即用掩膜板在 20 mm×20 mm 的 Ge 基片上溅射生长了尺寸为 1.0 mm×1.5 mm、厚度为 20 nm 的 $(FeCo)_{0.67}Ge_{0.33}$ 薄膜。其中所用的金属掩膜板尺寸为 3.0 mm×5.0 mm，中间掩膜板镂空尺寸为 1.0 mm×1.5 mm。如图 8-2 所示，用铟在 Ge 基片和 $(FeCo)_{0.67}Ge_{0.33}$ 薄膜上制作电极，电极必须是欧姆接触。采用两点法测量异质结的 $I-V$ 曲线和 $R-H$ 曲线。电流方向垂直肖特基异质结界面，定义电流从 $(FeCo)_{0.67}Ge_{0.33}$ 薄膜流向 Ge 基片为正方向电流。测试过程中主要用到 Keithley 2400 直流源、Keithley 2182A 纳伏表以及 SQUID 提供的低温和可变强磁场环境。

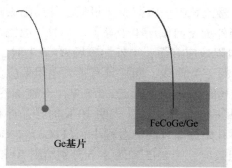

图 8-2　$(FeCo)_{0.67}Ge_{0.33}$/Ge 肖特基异质结俯视测试示意图

由图 8-3 可见，$T=300$ K，当外加磁场 $H=0$ T 时，该 $I-V$ 曲线关于坐标原点位置是非对称的，如当电流值为 +1.0 mA 时，电压值大约为 +1.42 V；当电流值为 -1.0 mA 时，电压值大约为 -1.06 V，这表明样品存在整流效应。并且发现样品的 $I-V$ 曲线呈现非线性的特点，这是由于 $(FeCo)_{0.67}Ge_{0.33}/Ge$ 界面处能带弯曲形成肖特基接触导致的。

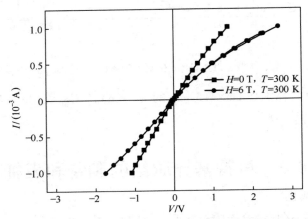

图 8-3 $T=300$ K，$(FeCo)_{0.67}Ge_{0.33}/Ge$ 肖特基异质结 $I-V$ 曲线

进一步观察发现，当外加磁场 $H=6$ T 时，其 $I-V$ 曲线明显偏离了 $H=0$ T 下的 $I-V$ 曲线，相同电流对应的电压增大了，如当电流值为 +1.0 mA 时，电压值由 +1.42 V（$H=0$ T 时）变为 +2.68 V（$H=6$ T 时），表明样品存在正磁电阻效应。定义磁电阻的公式如下：

$$MR = \frac{V_H - V_0}{U_0} \times 100\% \qquad (8-1)$$

其中，V_H 和 V_0 分别为有磁场和无磁场时同一电流状态下探测到的电压值。

当温度降低到 10 K 时，$(FeCo)_{0.67}Ge_{0.33}/Ge$ 肖特基异质结 $I-V$ 曲线表现出不同于 300 K 时的整流效应。由图 8-4 可见，异质结表现出典型的二极管单向导通整流性质，当外加正向偏压小于等于 1 V 时，电流接近于零，即截止状态电压为 +1 V。磁电阻效应方面，当外加磁场 $H=6$ T 时，其 $I-V$ 曲线同样明显偏离了 $H=0$ T 下的 $I-V$ 曲线，同样具有正磁电阻效应。例如，当电流值为 +1.0 μA 时，施加磁场时的电压值约为 +2.8 V，不施加磁场时的电压值约为 1.9 V，显然施加磁场时电阻增大了，表明 10 K 时样品存在正磁电阻效应。

温度由 $T=10$ K 开始逐渐升高的过程中，$(FeCo)_{0.67}Ge_{0.33}/Ge$ 肖特基异质结始终保持正磁电阻效应。图 8-5 和图 8-6 分别给出 50 K 和 100 K 温度时 $I-V$

第 8 章 FeCoGe/Ge 肖特基异质结中的整流磁电阻效应

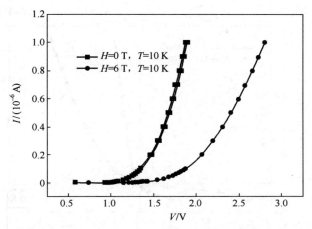

图 8-4 $T=10$ K，$(FeCo)_{0.67}Ge_{0.33}$/Ge 肖特基异质结 I-V 曲线

曲线图，然而，整流特性随着温度的升高有所变化。由图 8-5 可见，$T=50$ K 温度时，$(FeCo)_{0.67}Ge_{0.33}$/Ge 肖特基异质结单向导通的截止状态电压小于 $T=10$ K 时的截止状态电压，由+1 V 减小至+0.5 V。当温度升至 100 K 时，$(FeCo)_{0.67}Ge_{0.33}$/Ge 肖特基异质结反向导通，同时依然具有明显整流效应。

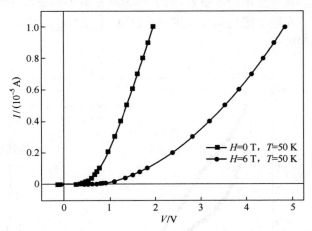

图 8-5 $T=50$ K，$(FeCo)_{0.67}Ge_{0.33}$/Ge 肖特基异质结 I-V 曲线

为了更好地研究 $(FeCo)_{0.67}Ge_{0.33}$/Ge 肖特基异质结磁电阻的变化情况，测量了温度 $T=10$ K 到温度 $T=300$ K 范围内的 R-T 曲线，如图 8-7 所示。测量时，保持外加电流 $i=1$ μA，磁场分别是 $H=0$ T 和 6 T。由图 8-7 可见，在整个测量温度范围内，$(FeCo)_{0.67}Ge_{0.33}$/Ge 肖特基异质结表现半导体导电性

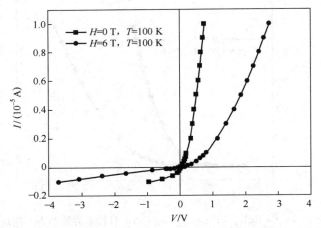

图 8-6　$T=100$ K，$(FeCo)_{0.67}Ge_{0.33}/Ge$ 肖特基异质结 I-V 曲线

质。并且看上去当温度 $T=200$ K 时，有无磁场时的电阻接近于 0，磁电阻接近于 0，其实不然。由于从低温到高温，电阻变化跨度大（从 10^6 Ω 降到 10^0 Ω），温度达到 200 K 时，电阻值降到 10^3 Ω 量级，坐标比例尺的缘故，并非是零值电阻。这一点由图 8-3 给出的 $T=300$ K 时不同磁场下的 I-V 曲线可以得出。综上，在整个测量温度范围内，$(FeCo)_{0.67}Ge_{0.33}/Ge$ 肖特基异质结始终保持正磁电阻效应。

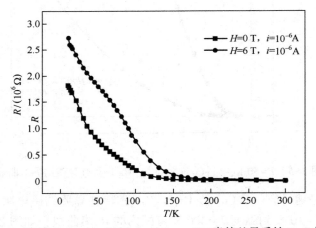

图 8-7　电流 $i=1$ μA，$(FeCo)_{0.67}Ge_{0.33}/Ge$ 肖特基异质结 R-T 曲线

依据图 8-7 电阻与温度依赖关系 R-T 曲线，图 8-8 给出磁电阻随着温度

变化的关系 MR-T 图。在外加磁场 $H=6$ T、温度 $T=120$ K 时，$(FeCo)_{0.67}Ge_{0.33}/Ge$ 肖特基异质结的磁电阻达到最大，为 362%。

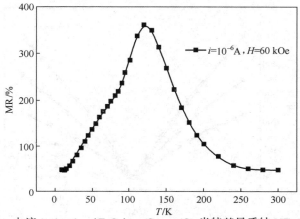

图 8-8　电流 $i=1$ μA，$(FeCo)_{0.67}Ge_{0.33}/Ge$ 肖特基异质结 MR-T 曲线

为了进一步研究外加偏压（结电流）或者外加磁场对异质结磁电阻的影响，重点测量了温度 $T=120$ K 时不同磁场下的 $(FeCo)_{0.67}Ge_{0.33}/Ge$ 肖特基异质结 I-V 曲线关系，如图 8-9 所示。

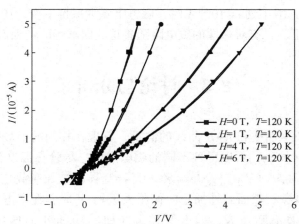

图 8-9　$T=120$ K，不同磁场下的 $(FeCo)_{0.67}Ge_{0.33}/Ge$ 肖特基异质结 I-V 曲线

显然，在同一电流下，电压随着磁场的增大而增大，如在同一电流 $i=4\times10^{-5}$ A 情况下，磁场由 $H=0$ T 到 $H=1$ T、$H=4$ T、$H=6$ T 过程中，正向电压值依次增大，分别为 $V=1.28$ V、$V=1.85$ V、$V=3.56$ V、$V=4.39$ V，依据式（8-1）可得出电流 $i=4\times10^{-5}$ A 时的磁电阻分别为 44.53%、178.12%、

242.97%。温度 $T=120$ K 时不同偏压（结电流）下的磁电阻随磁场的变化曲线 MR-H 图，如图 8-10 所示。

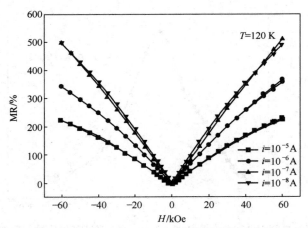

图 8-10　不同电流下，(FeCo)$_{0.67}$Ge$_{0.33}$/Ge 肖特基异质结磁电阻与磁场依赖关系 MR-H 图

由图 8-10 可见，在相同的磁场条件下，磁电阻值的大小依赖于结电流（偏压）的大小，发现当结电流（偏压）从 $i=10^{-5}$ A 减小到 $i=10^{-7}$ A 时，磁电阻显著增大，这与其他异质结二极管的实验结果一致[232,233,235,236]。但是当电流从 $i=10^{-7}$ A 减小到 $i=10^{-8}$ A 时，磁电阻基本保持不变。还发现在相同偏压（结电流）下，具有对称性的磁电阻随着正反向磁场的增大而增大。

8.3　讨论与分析

通过上面 I-V 曲线和 R-H 曲线的测量，发现在相同的磁场条件下，施加不同的结电流（偏压）可以得到不同的磁电阻值。尽管在温度低于 $T=50$ K、电压小于 +1 V 时，(FeCo)$_{0.67}$Ge$_{0.33}$/Ge 肖特基异质结处在截止电压状态，没有发现磁电阻现象，然而当外加正向偏压大于 +1 V 时，在小电压区磁电阻随着偏压的增大而不断增大。如上所述，外加磁场和外加偏压都可以调控 (FeCo)$_{0.67}$Ge$_{0.33}$/Ge 肖特基异质结的磁电阻，正是这种可以磁场调控和也可以电场调控的整流效应使得 (FeCo)$_{0.67}$Ge$_{0.33}$/Ge 肖特基异质结有可能应用于自旋电子学器件。

接下来，讨论 (FeCo)$_{0.67}$Ge$_{0.33}$/Ge 肖特基异质结整流磁电阻效应的起源。对于半导体二极管或者非磁半导体中正磁电阻效应的机理有以下几种，如在非均匀的半导体和 P-N 结中观测到大的正磁电阻效应[222,226,229,238]。2009 年，Delmo 等在磷掺杂的 N 型硅衬底中观测到巨大的正磁电阻效应。该磁电阻效应起源于由空间电荷效应导致的电场、载流子浓度的非均匀性。然而，想要打破材料原有的电荷平衡，使其产生空间电荷效应需要所加的电压高达几十伏。本书中测试只需几伏的电压，这比使材料产生空间电荷效应所需要的电压小了 1 个数量级。另外，在很多磁性半导体二极管以及磁性 P-N 结中，也观测到大的正磁电阻效应[225,239]，其磁电阻效应起源于界面能带处自旋相关的电子填充。

为了进一步理解和解释观察到的正磁电阻效应，利用线性的 I-V 曲线确定了电极和 $(FeCo)_{0.67}Ge_{0.33}$ 薄膜以及电极和 Ge 衬底之间是欧姆接触。P 型 $(FeCo)_{0.67}Ge_{0.33}$ 薄膜观察到的微弱的负磁电阻应该主要来源磁性离子对载流子的自旋散射，这种负磁电阻在大部分磁性半导体薄膜和 GMR 材料中都有发现。显然，$(FeCo)_{0.67}Ge_{0.33}$/Ge 肖特基异质结中的正磁电阻不是来源于磁性离子对载流子的自旋散射，而是源于外加磁场和电场对异质结界面材料费米能级态密度的改变[68,69,228,236]。在 P 型掺杂的非晶的 $(FeCo)_{0.67}Ge_{0.33}$ 磁性半导体中，由于晶场能的作用，Fe(Co) 的 3d 电子不仅可以占据局域的 t_{2g} 态还可以占据导电的 e_g 态。此外，洪特耦合自旋向上和自旋向下的能带也会发生分开，即发生自旋劈裂而处在铁磁态。在 $(FeCo)_{0.67}Ge_{0.33}$/Ge 肖特基异质结中，电子从近本征 Ge 单晶衬底流向 P 型 $(FeCo)_{0.67}Ge_{0.33}$ 薄膜，在界面处形成一个空间电荷区，所以界面处 $(FeCo)_{0.67}Ge_{0.33}$ 层有更多的电子，Ge 的衬底层有更多的空穴，即异质结界面处的能带结构发生弯曲[69]。由于载流子自旋和轨道角动量的相互作用（塞曼劈裂），当外加磁场时，可以引起更进一步的能带结构劈裂。那么界面处 $(FeCo)_{0.67}Ge_{0.33}$ 薄膜层将可能处在自旋少子状态，上面在距离界面较远的 $(FeCo)_{0.67}Ge_{0.33}$ 薄膜层处在自旋多子状态，同样界面处的近本征 Ge 衬底层也将处在自旋多子状态。此时，$(FeCo)_{0.67}Ge_{0.33}$/Ge 肖特基异质结的结电阻增大，这样就解释了我们观察到的 $(FeCo)_{0.67}Ge_{0.33}$/Ge 肖特基异质结的正磁电阻效应。这与多数异质结中观察到的磁电阻机理一致[232,233,236]。

当外加不同偏压时，异质结界面处的 $(FeCo)_{0.67}Ge_{0.33}$ 薄膜层和近本征 Ge 衬底层的费米面随之改变。特别是对界面处 $(FeCo)_{0.67}Ge_{0.33}$ 薄膜层来说，费米面的改变将直接影响费米能级处自旋向上和自旋向下载流子数量的相对值，因此偏压将改变磁电阻的大小。P 型 $(FeCo)_{0.67}Ge_{0.33}$ 薄膜层的费米能级都在价带附近，近本征 Ge 衬底的费米能级在价带和导带之间。因为塞曼劈裂效应相对半导体禁带宽度而言是一个小量，因此塞曼劈裂效应对输运性质的影响只有在载流子浓度低的体系中才会非常明显,近本征 Ge 衬底的载流子浓度很低,所以在异质结界面处的 Ge 衬底的低载流子浓度对能否观察到磁电阻效应起到了积极的作用。

8.4 本章小结

本章的主要内容如下:

(1) 利用磁控共溅射设备结合掩膜板在近本征单晶 Ge 半导体衬底上制备了面积为 1.0 mm×1.5 mm、膜厚度为 20 nm 的 $(FeCo)_{0.67}Ge_{0.33}/Ge$ 肖特基异质结。

(2) 采用两点法面外通电流的方式测量了异质结的 I-V 曲线和 R-H 曲线。测试结果表明,在整个测量温度范围(10～300 K)之内,$(FeCo)_{0.67}Ge_{0.33}/Ge$ 肖特基异质结表现出传统的 P-N 结整流效应;外加磁场可以调控 $(FeCo)_{0.67}Ge_{0.33}/Ge$ 肖特基异质结的 I-V 曲线,即存在明显的正磁电阻效应。

(3) 磁场和电场可调控的整流效应(正磁电阻效应)应该是源于两个原因:一是材料费米能级附近态密度的影响,二是本征 Ge 衬底相对较低的载流子浓度。由于 Ge 基磁性半导体在结构上容易与当前工业占主流的 Si 基半导体相整合,所以这种可以磁场调控和电场调控的 $(FeCo)_{0.67}Ge_{0.33}/Ge$ 肖特基异质结有望应用于自旋电子学器件领域。

第9章

总 结

磁性半导体是同时具备铁磁性和半导体特性的自旋极化新材料。为了实现自旋电子学器件的室温应用，人们已经花费半个多世纪的时间来探寻本征磁性半导体材料，截至目前，依然在探索中。本书的工作主要包括以下五个方面：

(1) 制备了高 FeCo 掺杂含量的 FeCoGe-H 及 FeCoGe 非晶磁性半导体薄膜。为了克服热平衡状态下磁性元素溶解度低、易析出第二相或者产生团簇等问题，采取非热平衡状态条件下制备样品；考虑到两种磁性元素共掺有助于磁性半导体薄膜的稳定性及磁性的增强，选择了自旋极化率高、居里温度高的 FeCo 过渡元素与Ⅳ族 Ge 基半导体进行共掺杂，利用磁控溅射在玻璃基底上制备了高 FeCo 含量的非晶 Ge 基磁性半导体薄膜 $(FeCo)_x Ge_{1-x}$-H 和 $(FeCo)_x Ge_{1-x}$。

(2) 氢掺杂可以大大增强非晶 FeCoGe-H 薄膜的磁性和交换作用。超导量子干涉仪和铁磁共振的测试结果表明：$(FeCo)_x Ge_{1-x}$-H 薄膜的磁化强度、交换作用等物理量比 $(FeCo)_x Ge_{1-x}$ 的均有明显增强。其中，$(FeCo)_{0.70} Ge_{0.30}$-H 薄膜的室温饱和磁化强度为 567 emu/cm³，是 $(FeCo)_{0.70} Ge_{0.30}$ 的 1.72 倍；$(FeCo)_{0.70} Ge_{0.30}$-H 薄膜的交换劲度系数 D 值为 176.2 meV·Å，是 $(FeCo)_{0.70} Ge_{0.30}$ 的 1.56 倍。$(FeCo)_x Ge_{1-x}$-H 薄膜样品磁性增强的机理在于：在 Ge 基内部，间隙位的氢原子提供局域 1s 态电子，部分替代位的 Fe(Co) 原子提供弱局域的载流子（类 s、类 p 空穴），二者共同与 Fe(Co) 的 3d 电子进行强烈杂化，通过 s, p-d 杂化建立起 Fe(Co) 原子之间更强的自旋-自旋交换作用，从而增强了 $(FeCo)_x Ge_{1-x}$-H 非晶薄膜的本征铁磁性。

(3) 非晶 $(FeCo)_x Ge_{1-x}$ 薄膜的反常霍尔效应不满足通常的标度关系 $\rho_{xys} \propto \rho_{xx}^n$ (1<n<2)。利用范德堡四端法测量了 $(FeCo)_x Ge_{1-x}$ 非晶薄膜的室温霍尔效应，$(FeCo)_{0.67} Ge_{0.33}$ 薄膜的饱和霍尔电阻率最大；7.6 nm 厚 $(FeCo)_{0.67} Ge_{0.33}$ 薄膜的霍尔电阻率在整个测量温度范围内 (5~300 K)，均是随着磁场 (-3500~+3500 Oe) 的增大而迅速线性增大，不同温度下的霍尔灵敏度 (ρ_{xy}/H)

基本相等，约为 1.38（μΩ·cm）/kOe；非晶（FeCo)$_x$Ge$_{1-x}$薄膜与磁性颗粒膜、多层膜、其他非晶薄膜类似，其霍尔电阻率与纵向电阻率之间并不满足通常的标度关系。

（4）利用磁控溅射仪制备了 4.0 mm×4.0 mm 方形（FeCo）$_{0.67}$Ge$_{0.33}$/Ge异质结，利用范德堡四端法测试了其电输运特性。发现（FeCo）$_{0.67}$Ge$_{0.33}$/Ge异质结具有明显增强的非线性霍尔效应，温度低于 10 K 时，（FeCo）$_{0.67}$Ge$_{0.33}$/Ge异质结表现出与（FeCo）$_{0.67}$Ge$_{0.33}$薄膜的霍尔效应、纵向电导以及磁电阻一致的结果。在 10~60 K 温度区间，增强的非线性霍尔电阻应该源于界面 Rashba 自旋轨道耦合引起的反常霍尔效应。随着温度的进一步升高，界面势垒高度和强度继续减弱，热激发传导载流子隧穿进入 Ge 基片，所以推断高温区非线性霍尔效应源于（FeCo）$_{0.67}$Ge$_{0.33}$薄膜与 Ge 基片共同参与电输运的结果。

（5）利用磁控溅射结合掩膜板技术制备了 1.0 mm×1.5 mm 的（FeCo）$_{0.67}$Ge$_{0.33}$/Ge肖特基异质结，采取两端测试法通垂直结面电流测试了其面外 I-V 曲线和 R-H 曲线关系。（FeCo）$_{0.67}$Ge$_{0.33}$/Ge肖特基异质结二极管在整个温度测量范围内表现出磁场和电场可调控的整流效应（正磁电阻效应），这应该是源于以下两方面原因：一是电场和磁场对（FeCo）$_{0.67}$Ge$_{0.33}$/Ge肖特基异质结界面费米能级附近态密度的影响，二是近本征的 Ge 衬底具有相对较低的载流子浓度。

参 考 文 献

[1] PRINZ G A. Spin-polarized transport [J]. Phys. Today, 1995, 48 (4): 58-63.

[2] PRINZ G A. Magnetoelectronics [J]. Science, 1998, 282 (5394): 1660-1663.

[3] SARM S D. Spintronics [J]. Am. Sci, 2001, 89 (6): 516.

[4] PEARTON S J, ABERNATH C R, NORTON D P, et al. Advances in wide bandgap materials for semiconductor spintronics [J]. Mat. Sci. Eng. R-Rep, 2003, 40 (4): 137-156.

[5] BINASCH G, Grünberg P, SAURENBACH F, et al. Enhanced magnetoresistance in layered magnetic structures with antiferromagnetic interlayer exchange [J]. Phys. Rev. B, 1989, 39 (7): 4828-4830.

[6] BAIBICH M N, BROTO J M, FERT A, et al. Giant magnetoresistance of (001)Fe/(001)Cr magnetic superlattices [J]. Phys. Rev. Lett, 1988, 61 (21): 2472-2475.

[7] DIENY B, SPERIOSU V S, PARKIN S S P, et al. Giant magnetoresistive in soft ferromagnetic multilayers [J]. Phys. Rev. B, 1991, 43 (1): 1297-1300.

[8] YUASA S, MATSUMOTO R, FUKUSHIMA A, et al. Tunnel Magnetoresistance Effect and Its Applications [R/OL]. http://www.jst.go.jp/sicp/ws2009sp1st/presentation/15.pdf.

[9] KUSCHEL T, REISS G. Charges ride the spin wave [J]. Nat. Nanotech, 2015, 10 (1): 22-24.

[10] MANCHON A, KOO H C, NITTA J, et al. New perspectives for rashba spin-orbit coupling [J]. Nat. Mater. 2015, 14 (9): 871-882.

[11] GONG S J, DING H C, ZHU W J, et al. A new pathway towards all-electric spintronics: electric-field control of spin states through surface/interface effects [J]. Sci. China. Phys. Mech. & Astro, 2013, 56 (1): 232-244.

[12] DRESSELHAUS G. Spin-orbit coupling effects in zinc blende structures [J]. Phys. Rev, 1955, 100 (2): 580-586.

[13] BYCHKOV Y A, RASHBA E I. Oscillatory effects and the magnetic susceptibility of carriers in inversion layers [J]. Journal of physics C: solid state physics. 1984, 17 (33): 6039-6045.

[14] 毕才华. 自旋轨道耦合作用下磁调制 2DEG 的自旋输运 [D]. 大连: 大连理工大学, 2009.

[15] SINOVA J, CULCER D, NIU Q, et al. Universal intrinsic spin Hall effect [J]. Phys. Rev. Lett, 2004, 92 (12): 126603.

[16] SUN Q F, XIE X C, WANG J. Persistent spin current in a mesoscopic hybrid ring with spin-orbit coupling [J]. Phys. Rev. Lett, 2007, 98 (19): 196801.

[17] LOMMER G, MALCHER F, ROSSLER U. Spin splitting in semiconductor heterostructures for B→0 [J]. Phys. Rev. Lett, 1988, 60 (8): 728-731.

[18] SHI J, ZHANG P, XIAO D, et al. Proper definition of spin current in spin-orbit coupled systems [J]. Phy. Rev. Lett, 2006, 96 (7): 076604.

[19] BADER S D, PARKIN S S P. Spintronics [J]. Annu Rev. Condens. Matter Phys, 2010, 1 (1): 71-88.

[20] FIEDERLING R, KEIM M, REUSCHER G, et al. Injection and detection of a spin-polarized current in a light-emitting diode [J]. Nature, 1999, 402 (6763): 787-790.

[21] DATTA S, DAS B. Electronic analog of the electro-optic modulator [J]. Appl. Phys. Lett, 1990, 56 (7): 665-667.

[22] OHNO H, CHIBA D, MATSUKURA F, et al. Electric-field control of ferromagnetism [J]. Nature, 2000, 408 (6815): 944-946.

[23] TANAKA M, HIGO Y. Large tunneling magnetoresistance in GaMnAs/AlAs/GaMnAs ferromagnetic semiconductor tunnel junctions [J]. Phys. Rev. Lett, 2001, 87 (2): 026602.

[24] MATTANA R, GEORGE J M. JAFFRÈSH, et al. Electrical detection of spin accumulation in a p-Type GaAs quantum well [J]. Phys. Rev. Lett, 2003, 90 (16): 166601.

[25] OHNO H. Making nonmagnetic semiconductors ferromagnetic [J]. Science, 1998, 281 (5379): 951-956.

[26] DIETL T. Ferromagnetic semiconductors [J]. Semiconductor science and technology, 2002, 17 (4): 377-392.

[27] CAO Q, YAN S S. The predicaments and expectations in development of magnetic semiconductors [J]. J. Semicond, 2019, 40 (8): 9-19.

[28] FURDYNA J K. Diluted magnetic semiconductors [J]. J. Appl. Phys, 1988, 64, R29.

[29] HAURY A, WASIELA A, ARNOULT A, et al. Observation of a ferromagnetic transition induced by Two-dimensional hole gas in modulation-doped CdMnTe quantum wells [J]. Phys. Rev. Lett, 1997, 79 (3): 511-514.

[30] OHNO H, MUNEKATA H, PENNEY T, et al. Magnetotransport properties of p-type (In, Mn) As diluted magnetic III-V semiconductors [J]. Phys. Rev. Lett, 1992, 68: 2664-2667.

[31] OHNO H, SHEN A, MATSUKURA F, et al. (Ga, Mn) as: a new diluted magnetic semiconductor based on GaAs [J]. Appl. Phys. Lett, 1996, 69 (3): 363-365.

[32] CHEN L, YANG X, YANG F, et al. Enhancing the curie temperature of ferromagnetic semiconductor (Ga, Mn) As to 200 K via nanostructure engineering [J]. Nano letters, 2011, 11 (7): 2584-2589.

[33] DIETL T, OHNO H, MATSUKURA F, et al. Zener model description of ferromagnetism in zinc-blende magnetic semiconductors [J]. Science, 2001, 287 (5455): 1019-1022.

[34] APPELBAUM I, HUANG B, MONSMA J. Electronic measurement and control of spin transport in silicon [J]. Nature, 2007, 447 (7142): 295-298.

[35] JANSEN R. Silicon spintronics [J]. Nat. Mater, 2012, 11 (5): 400-405.

[36] BOLDUC M, AWO-AFFOUDA C, STOLLENWERK A, et al. Above room temperature ferromagnetism in Mn-ion implanted Si [J]. Phys. Rev. B, 2005, 71 (3): 03302.

[37] ARONZON B A, RYLKOV V V, NIKOLAEV S N, et al. Room-temperature ferromagnetism and anomalous Hall effect in $Si_{1-x}Mn_x$ ($x \approx 0.35$) alloys [J]. Phys. Rev. B, 2011, 84 (7): 075209.

[38] SUGAHARA S, TANAKA M. A spin metal-oxide-semiconductor field-effect transistor using half-metallic-ferromagnet contacts for the source and drain [J]. Appl. Phys. Lett, 2004, 84 (13): 2307-2309.

[39] SUGAHARA S, TANAKA M. Spin MOSFETs as a basis for spintronics [J]. ACM Transactions on storage, 2006, 2 (2): 197-219.

[40] SUGAHARA S, TANAKA M. A spin metal-oxide-semiconductor field-effect transistor (spin MOSFET) with a ferromagnetic semiconductor for the channel [J]. J. Appl. Phys, 2005, 97 (10): 10D503.

[41] MAEDA T, IKEDA K, NAKAHARAI S, et al. High mobility Ge-on-insulator p-channel MOSFETs using Pt germanide schottky source/drain [J]. IEEE Electron Device Lett, 2005, 26 (2): 102-104.

[42] PARK Y D, HANBICKI A T, ERWIN S C, et al. A Group-Ⅳ ferromagnetic semiconductor: Mn_xGe_{1-x} [J]. Science, 2002, 295 (5555): 651-654.

[43] LI A P, SHEN J, THOMPSON J R, et al. Ferromagnetic percolation in Mn_xGe_{1-x} dilute magnetic semiconductor [J]. Appl. Phys. Lett, 2005, 86 (15): 152507-152509.

[44] LI A, WENDELKEN J, SHEN J, et al. Magnetism in Mn_xGe_{1-x} semiconductors mediated by impurity band carriers [J]. Phys. Rev. B, 2005, 72 (19): 195205.

[45] BOUGEARD D, AHLERS S, TRAMPERT A, et al. Clustering in a Precipitate-free GeMn magnetic semiconductor [J]. Phys. Rev. Lett, 2006, 97 (23): 237202.

[46] CHEN C H, NIU H, YAN D C, et al. Ferromagnetic GeMn thin film prepared by ion implantation and ion beam induced epitaxial crystallization annealing [J]. Appl. Phys. Lett, 2012, 100 (24): 242412.

[47] CHEN J, WANG K L, GALATSIS K. Electrical field control magnetic phase transition in nanostructured Mn_xGe_{1-x} [J]. Appl. Phys. Lett, 2007, 90 (1): 012501.

[48] CHEN Y X, YAN S S, FANG Y, et al. Magnetic and transport properties of homogeneous Mn_xGe_{1-x} ferromagnetic semiconductor with high Mn concentration [J]. Appl. Phys. Lett, 2007, 90 (5): 052508.

[49] YADA S, SUGAHARA S, TANAKA M. Magneto-Optical and magnetotransport properties of amorphous ferromagnetic semiconductor $Ge_{1-x}Mn_x$ thin films [J]. Appl. Phys. Lett, 2008, 93: 193108.

[50] YIN W, KELL C D, HE L, et al. Enhanced magnetic and electrical properties in amorphous Ge: Mn thin films by non-magnetic codoping [J]. J. Appl. Phys, 2012, 111

(3): 033916.

[51] DENG J X, TIAN Y F, YAN S S, et al. Magnetism of amorphous $Ge_{1-x}Mn_x$ magnetic semiconductor films [J]. J. Appl. Phys, 2008, 104: 013905.

[52] OTTAVIANO L, CONTINENZA A, PROFETA G, et al. Room-temperature ferromagnetism in Mn-implanted amorphous Ge [J]. Phys. Rev. B, 2001, 83 (13): 134426.

[53] SHUTO Y, TANAKA M, SUGAHARA S. Structural and magnetic properties of epitaxially grown $Ge_{1-x}Fe_x$ thin films: Fe concentration dependence [J]. Appl. Phys. Lett, 2007, 90: 132512.

[54] GOSWAMI R, KIOSEOGLOU G, HANBICKI A T, et al. Growth of ferromagnetic nanoparticles in Ge: Fe thin films [J]. Appl. Phys. Lett, 2005, 86 (3): 032509.

[55] LIU H, ZHENG R K, ZHANG X X. Observation of large Hall sensitivity in thin Fe-Ge amorphous composite films [J]. J. Appl. Phys, 2005, 98 (8): 086105.

[56] GAREEV R R, BUGOSLAVSKY Y V, SCHREIBER R, et al. Carrier-induced ferromagnetism in Ge(Mn, Fe) magnetic semiconductor thin-film structures [J]. Appl. Phys. Lett, 2006, 88 (22): 222508.

[57] REUTHER H, TALUT G, MÜCKLICH A, et al. Magnetism in Ge by ion implantation with Fe and Mn [J]. J. Phys. D: Appl. Phys, 2012, 45: 395001.

[58] PAUL A, SANYAL B. Chemical and magnetic interactions in Mn- and Fe-codoped Ge diluted magnetic semiconductors [J]. Phys. Rev. B, 2009, 79 (21): 214438.

[59] TSUI F, HE L, MA L, et al. Novel germanium-based magnetic semiconductors [J]. Phys. Rev. Lett, 2003, 91 (17): 177203.

[60] CONTINENZA A, PROFETA G, PICOZZI S. Transition metal doping and clustering in Ge [J]. Appl. Phys. Lett, 2006, 89 (20): 202510.

[61] SILVA A D, FAZZIO A, ANTONELLI A. Stabilization of substitutional Mn in Silicon-based semiconductors [J]. Phys. Rev. B, 2004, 70 (19): 193205.

[62] WENG H, DONG J. First-principles investigation of transition metal doped group-IV semiconductors: R_xY_{1-x} (R = Cr, Mn, Fe; Y = Si, Ge) [J]. Phys. Rev. B, 2005, 71: 035201.

[63] ZhAO Y J, SHISHIDOU T, FREEMAN A. Ruderman-Kittel-Kasuya-Yosida-like Ferromagnetism in Mn_xGe_{1-x} [J]. Phys. Rev. Lett, 2003, 90: 047204.

[64] ZHU W, ZHANG Z, KAXIRAS E. Dopant-assisted concentration enhancement of substitutional Mn in Si and Ge [J]. Phys. Rev. Lett, 2008, 100: 027205.

[65] CHEN H, ZHU W, KAXIRAS E, et al. Optimization of Mn doping in group-IV-based dilute magnetic semiconductors by electronic codopants [J]. Phys. Rev. B, 2009, 79: 235202.

[66] YU I S, JAMET M, MARTY A, et al. Modeling magnetotransport in inhomogeneous (Ge, Mn) films [J]. J. Appl. Phys, 2011, 109 (12): 123906.

[67] MAAT S, CAREY M J, CHILDRESS J R. Current perpendicular to the plane spin-valves with CoFeGe magnetic layers [J]. Appl. Phys. Lett, 2008, 93 (14): 143505.

[68] TSUI F, MA L, HE L. Magnetization-dependent rectification effect in a Ge-based magnetic heterojunction [J]. Appl. Phys. Lett, 2003, 83 (5): 954-956.

[69] TIAN Y F, DENG J X, YAN S S, et al. Tunable rectification and giant positive magnetoresistance in $Ge_{1-x}Mn_x$/Ge epitaxial heterojunction diodes [J]. Journal of Applied Physics, 2010, 107 (2): 027204.

[70] LIU W J, ZHANG H X, SHI J A, et al. A room-temperature magnetic semiconductor from a ferromagnetic metallic glass [J]. Nature Communications, 2016 (7): 13497.

[71] GOENNENWEIN S T B, WASSNER T A, HUEBL H, et al. Hydrogen control of ferromagnetism in a dilute magnetic semiconductor [J]. Phys. Rev. Lett, 2004, 92 (22): 227202.

[72] FARSHCHI R, HWANG D J, MISRA N, et al. Structural, magnetic, and transport properties of Laser-Annealed GaAs: Mn-H [J]. J. Appl. Phys, 2009, 106 (1): 013904.

[73] BAIK K H, FRAZIER R M, THALER G T, et al. Effects of hydrogen incorporation in GaMnN [J]. Appl. Phys. Lett, 2003, 83 (26): 5458-5460.

[74] PARK C H, CHADI D J. Hydrogen-Mediated Spin-Spin interaction in ZnCoO [J]. Phys. Rev. Lett, 2005, 94 (12): 127204.

[75] PHAM A, ZHANG Y B, ASSADI M H, et al. Ferromagnetism in ZnO: Co originating from a hydrogenated Co-O-Co complex [J]. J Phys. Condens. Matter, 2013, 25: 116002.

[76] PARK J K, WON LEE K, KWEON H, et al. Evidence of Hydrogen-Mediated ferromagnetic coupling in Mn-doped ZnO [J]. Appl. Phys. Lett, 2011, 98 (10): 102502.

[77] PARK J H, LEE S, KIM B S, et al. Effects of Al doping on the magnetic properties of Zn-CoO and ZnCoO: H [J]. Appl. Phys. Lett, 2014, 104 (5): 052412.

[78] LEE H J, PARK C H, JEONG S Y. et al. Hydrogen-induced ferromagnetism in ZnCoO [J]. Appl. Phys. Lett, 2006, 85 (6): 0625.

[79] HU L, ZHU L, HE H, et al. Unexpected magnetization enhancement in hydrogen plasma treated ferromagnetic (Zn, Cu) O film [J]. Appl. Phys. Lett, 2014, 105 (7): 072414.

[80] YAO J H, LI S C, LAN M D, et al. Mn-doped amorphous Si: H films with anomalous Hall effect up to 150 K [J]. Appl. Phys. Lett, 2009, 94 (7): 072507.

[81] LIU X C, LIN Y B, WANG J F, et al. Effect of hydrogenation on the ferromagnetism in polycrystalline $Si_{1-x}Mn_x$: B thin films [J]. J. Appl. Phys, 2007, 102 (3): 033902.

[82] WANG X L, NI M Y, ZENG Z, et al. Effects of hydrogen impurities on Mn_xSi_{1-x} semiconductors [J]. J. Appl. Phys, 2009, 105 (7): 07C512.

[83] YAO X X, YAN S S, HU S J, et al. Hydrogen interstitials-mediated ferromagnetism in Mn_xGe_{1-x} magnetic semiconductors [J]. New J. Phys, 2008, 10 (5): 055015.

[84] STESMANS A. Passivation of P_{b0} and P_{b1} interface defects in thermal (100) Si/SiO_2 with

molecular hydrogen [J]. Appl. Phys. Lett, 1996, 68 (15): 2076.

[85] AFANAS'EV V V, FEDORENKO Y G, STEMANS A. Interface traps and dangling-bond defects in (100) Ge/HfO$_2$ [J]. Appl. Phys. Lett, 2005, 87 (3): 032107.

[86] WEBER J R, JANOTTI A, RINKE P, et al. Dangling-bond defects and hydrogen passivation in germanium [J]. Appl. Phys. Lett, 2007, 91 (14): 142101.

[87] XIONG K, LIN L, ROBERTSON J, et al. Energetics of hydrogen in GeO$_2$, Ge, and their interfaces [J]. Appl. Phys. Lett, 2011, 99 (3): 032902.

[88] 刘宜华, 张连生. 稀释磁性半导体 [J]. 物理学进展, 1994, 14 (1): 82-120.

[89] HALL E H. On a new action of the magnet on electric currents [J]. Amer. J. Math, 1879, 2: 287.

[90] HALL E H. On the new action of magnetism on a permanent electric current [J]. Amer. J. Sci, 1880, 3: 161.

[91] 梁拥成, 张英, 郭万林, 等. 反常霍尔效应理论的研究进展 [J]. 物理, 2007, 36 (5): 385-390.

[92] FANG Z, NAGAOSA N, TAKAHASHI K S, et al. The anomalous Hall effect and magnetic monopoles in momentum space [J]. Science, 2002, 302 (5642): 92-95.

[93] KLITZING K, DORDA G, PEPPER M. New method for High-Accuracy determination of the Fine-Structure constant based on quantized Hall resistance [J]. Phys. Rev. Lett, 1980, 45 (6): 494-497.

[94] TSUI D C, STORMER H L, GOSSARD A C. Two-Dimensional magnetotransport in the extreme quantum Limit [J]. Phys. Rev. Lett, 1982, 48 (22): 1559.

[95] ZHANG Y B, TAN Y W, STORMER H L, et al. Experimental observation of the quantum Hall effect and Berry's phase in graphene [J]. Nature, 2005, 438 (7065): 201-204.

[96] NOVOSELOV K S, JIANG Z, MOROZOV S V, et al. Room-temperature quantum Hall effect in graphene [J]. Science, 2007, 315 (5817): 1379.

[97] LIU C X, QI X L, DAI X, et al. Quantum anomalous Hall effect in Hg$_{1-y}$Mn$_y$Te Quantum wells [J]. Phys. Rev. Lett, 2008, 101 (14): 146802.

[98] YU R, ZHANG W, ZHANG H J, et al. Quantized anomalous Hall effect in magnetic topological insulators [J]. Science, 2010, 329 (5987): 61-64.

[99] CHANG C Z, ZHANG J, FENG X, et al. Experimental observation of the quantum anomalous Hall effect in a magnetic topological insulator [J]. Science, 2013, 340 (6129): 167-170.

[100] KARPLUS R, LUTTINGER J M. Hall effect in ferromagnetics [J]. Phys. Rev, 1954, 95 (5): 1154.

[101] SMIT J. The Spontanous Hall effect in ferromagnetics [J]. Physica, 1955, 21: 877-887.

[102] BERGER L. Side-Jump mechanism for the Hall effect of ferromagnets [J]. Phys. Rev. B, 1970, 2 (11): 4559.

[103] TIAN Y, YE L, JIN F X. Proper scaling of the anomalous Hall effect [J]. Rev. Lett, 2009, 103 (8): 087206.

[104] ZHU L J, PAN D, ZHAO J H. Anomalous Hall effect in epitaxial L10-Mn1.5Ga films with variable chemical ordering [J]. Phys. Rev. B, 2014, 89 (22): 220406.

[105] ZHU L J, NIE S H, ZHAO J H. Anomalous Hall effect in L10-MnAl films with controllable orbital two-channel Kondo effect [J]. Phys. Rev. B, 2016, 93 (19): 195112.

[106] NAGAOSA N, SINOVA J, ONODA S, et al. Anomalous Hall effect [J]. Rev. Mod. Phys, 2010, 82 (2): 1539-1592.

[107] HE P, MA L, SHI Z, et al. Chemical composition tuning of the anomalous Hall effect in isoelectronic L10FePd$_{1-x}$Pt$_x$ alloy Films [J]. Phys. Rev. Lett, 2012, 109 (6): 066402.

[108] 杨邦朝, 王文生. 薄膜物理与技术 [M]. 成都: 电子科技大学出版社, 1994.

[109] 李学丹, 万英超, 蒋祥祺, 等. 真空沉积技术 [M]. 杭州: 浙江大学出版社, 1994.

[110] 赵正保, 项光亚. 有机化学 [M]. 北京: 中国医药科技出版社, 2016.

[111] 陆婉珍. 现代近红外光谱分析技术 [M]. 2版. 北京: 中国石化出版社, 2007.

[112] 徐广通, 袁洪福, 陆婉珍. 现代近红外光谱技术及应用进展 [J]. 光谱学与光谱分析, 2000, 20 (2): 134-142.

[113] VAN der PAUW. A method of measuring specific resistivity and Hall effect of discs of arbitrary shape [J]. Philips Research Reports, 1958, 13: 1-9.

[114] 顾文娟, 潘靖, 胡经国. 垂直场下磁性薄膜中的铁磁共振现象 [J]. 物理学报, 2012, 61 (16): 427-432.

[115] 毕科, 周济, 赵宏杰, 等. 基于铁磁共振的超材料研究进展 [J]. 科学通报, 2013, 58 (19): 1785-1795.

[116] 廖红波, 王海燕, 何琛娟, 等. 微波调频在铁磁共振实验中的应用 [J]. 大学物理, 2011, 30 (12): 42-44, 57.

[117] 侯碧辉, 李志伟, 陈裕涛. 铁磁共振实验中值得注意的几个问题 [J]. 波谱学杂志, 2000, 17 (1): 83-87.

[118] QIN Y F, YAN S S, KANG S S, et al. Homogeneous amorphous Fe$_x$Ge$_{1-x}$ magnetic semiconductor films with high Curie temperature and high magnetization [J]. Phys. Rev. B, 2011, 83 (23): 235214.

[119] PALUSKAR P V, LAVRIJSEN R, SICOT M, et al. Correlation between Magnetism and Spin-Dependent Transport in CoFeB Alloys [J]. Phys. Rev. Lett, 2009, 102 (1): 016602.

[120] YANG A C, ZHANG K, YAN S S, et al. Superparamagnetism, magnetoresistance and anomalous Hall effect in amorphous Mn$_x$Si$_{1-x}$ semiconductor films [J]. J. Alloys Compd, 2015, 623: 438-441.

[121] SONG H Q, MEI L M, YAN S S, et al. Microstructure, ferromagnetism, and magnetic transport of Ti$_{1-x}$Co$_x$O$_2$ amorphous magnetic semiconductor [J]. J. Appl. Phys, 2006, 99

(12): 123905.

[122] NICKEL N H, JOHNSON N M, JACKSON W B. Hydrogen passivation of grain boundary defects in polycrystalline silicon thin films [J]. Appl. Phys. Lett, 1993, 62 (25): 3285-3287.

[123] YAO J H, LIN H H, CHIN T S. Room temperature ferromagnetism in Cr-doped hydrogenated amorphous Si films [J]. Appl. Phys. Lett. 2008, 92 (24): 242501.

[124] HOURAHINE B, JONES R, BRIDDON P R. Hydrogen molecules and platelets in germanium [J]. Physica B: Condensed Matter, 2006, 376 (None): 105-108.

[125] PRITCHARD R E, ASHWIN M J, TUCKE J H, et al. Isolated interstitial hydrogen molecules in hydrogenated crystalline silicon [J]. Phys. Rev. B, 1998, 57 (24): R15048.

[126] CHO J H, OH D H, KLEINMAN L. One-dimensional molecular wire on hydrogenated Si (001) [J]. Phys. Rev. B, 2002, 65 (8): 081310.

[127] NICKEL N H, BECKERS I E. Hydrogen migration in doped and undoped polycrystalline and microcrystalline silicon [J]. Phys. Rev. B, 2002, 66 (7): 075211.

[128] GHASEMI S A, LENOSKY T J, AMSLER M, et al. Energetic and vibrational analysis of hydrogenated siliconmvacancies above saturation [J]. Phys. Rev. B, 2014, 90 (5): 054117.

[129] RUDDER R A, COOK JR J W, LUCOVSKY G. High photoconductivity in magnetron sputtered amorphous hydrogenated germanium films [J]. Appl. Phys. Lett, 1983, 43 (9): 871-873.

[130] BHAN M K, MALHOTRA L K, KASHYAP S C. Electrical, optical, and structural properties of reactive ion beam sputtered hydrogenated amorphous germanium (a-Ge: H) films [J]. J. Appl. Phys, 1989, 65 (1): 241-247.

[131] DUNG D D, YUN W S, HWANG Y H, et al. Electron mediated/enhanced ferromagnetism in a hydrogen-annealed Mn: Ge magnetic semiconductor [J]. J. Appl. Phys, 2011, 109 (6): 063912.

[132] ZHANG W F, NISHIMULA T, NAGASHIO K, et al. Conduction band offset at GeO_2/Ge interface determined by internal photoemission and charge-corrected x-ray photoelectron spectroscopies [J]. Appl. Phys. Lett, 2013, 102 (10): 102106.

[133] MATSUMOTO Y, MURAKAMI M, SHONO T, et al. Room-Temperature ferromagnetism in transparent transition Metal-Doped titanium dioxide [J]. Science, 2001, 291 (5505): 854-859.

[134] VENUGOPAL R, SUNDARAVEL B, Wilson I H, et al. Structural and magnetic properties of Fe-Ge layer produced by Fe ion-implantation into germanium [J]. J. Appl. Phys, 2002, 91 (3): 1410-1416.

[135] WAKABAYASHI Y K, BAN Y, OHYA S, et al. Annealing-induced enhancement of ferromagnetism and nanoparticle formation in the ferromagnetic semiconductor GeFe [J].

Phys. Rev. B, 2014, 90: 205209.

[136] LEE H, WANG Y H A, MEWES C K A, et al. Magnetization relaxation and structure of CoFeGe alloys [J]. Appl. Phys. Lett, 2009, 95 (8): 082502.

[137] ZHU M, SOE B D, MCMICHAEL R D, et al. Enhanced magnetization drift velocity and current polarization in $(CoFe)_{1-x}Ge_x$ alloys [J]. Appl. Phys. Lett, 2011, 98 (7): 072510.

[138] Hjörvarsson B, CHACON C, ZABEL H, et al. Adjustable magnetic interactions: the use of hydrogen as a tuning agent [J]. J. Alloys Compd, 2003, 356 (3): 160-168.

[139] 姜寿亭, 李卫. 凝聚态磁性物理 [M]. 北京: 科学出版社, 2003.

[140] 李正中. 固体理论 [M]. 2版. 北京: 高等教育出版社, 2002.

[141] 郭贻诚. 铁磁学 [M]. 北京: 北京大学出版社, 2014.

[142] DYSON F J. General theory of Spin-Wave interactions [J]. Phys. Rev, 1956, 102 (5): 1217-1230.

[143] STONER E C. Collective electron ferromagnetism [J]. Proc. R. Soc. Lond. Ser. A. Math. Phys. Sci, 1938, 165: 372-414.

[144] TEJADA J, MARTINEZ B, LABARTA A, et al. Phenomenological study of the amorphous $Fe_{80}B_{20}$ ferromagnet with small random anisotropy [J]. Phys. Rev. B. 1990, 42 (1): 898-905.

[145] LEE P A, RAMAKRISHNAN T V. Disordered electronic systems [J]. Rev. Mod. Phys, 1985, 57 (2): 287-337.

[146] HELLMAN F, TRAN M Q, GEBALA A E, et al. Metal-Insulator transition and giant negative magnetoresistance in amorphous magnetic rare Earth silicon alloys [J]. Phys. Rev. Lett, 1996, 77 (22): 4652-4655.

[147] YAO J H, LIN H H, SOO Y L, et al. Room-temperature anomalous Hall effect in amorphous Si-based magnetic semiconductor [J]. Appl. Phys. Lett, 2012, 100 (9): 092404.

[148] FUKUMA Y, ARIFUKI M, ASADA H, et al. Correlation between magnetic properties and carrier concentration in $Ge_{1-x}Mn_xTe$ [J]. J. Appl. Phys, 2002, 91 (10): 7502-7504.

[149] SHINDE S R, OGALE S B, HIGGINS J S, et al. Co-occurrence of superparamagnetism and anomalous Hall effect in highly reduced Cobalt-Doped uutile $TiO_{2-\delta}$ Films [J]. Phys. Rev. Lett, 2004, 92 (16): 166601.

[150] WIGEN P E. Dipole-Narrowed inhomogeneously broadened lines in ferromagnetic thin films [J]. Phys. Rev, 1964, 133 (6): A1557-A1562.

[151] HEINRICH B. Ultrathin magnetic structures [M]: BERLIN Springer, Vols. I and II, 1994.

[152] GRIFFITHS J H E. Anomalous High-Frequency resistance of ferrmagnetic metals [J]. Nature, 1946, 158: 670-671.

[153] POLDER D. On the theory of ferromagnetic resonance [J]. Phil. Mag, 1949, 40: 99.

[154] HOGAN C L. The ferromagnetic faraday effect at micowave frequencies and its applications [J]. Rev. Mod. Phys, 1953, 25 (1): 253-262.

[155] COVINGTON M, CRAWFORD T M, PARKER G J. Time-Resolved measurement of propagating spin waves in ferromagnetic thin films [J]. Phys. Rev. Lett, 2002, 89 (23): 237202.

[156] LIU X, ZHOU Y Y, FURDYNA J K. Angular dependence of spin-wave resonances and surface spin pinning in ferromagnetic (Ga, Mn) As films [J]. Phys. Rev. B, 2007, 75 (19): 195220.

[157] PORTIS A M. Low-Lying spin wave modes in ferromagnetic films [J]. Appl. Phys. Lett, 1963, 2 (4): 69-71.

[158] CHAPPERT C, DANG K L, BEAUVILLAIN P, et al. Ferromagnetic resonance studies of very thin cobalt films on a gold substrate [J]. Phys. Rev. B, 1986, 34 (5): 3192-3197.

[159] ZHANG Y P, YAN S S, LIU Y H, et al. Ferromagnetic resonance study on Fe-ZnO inhomogeneous magnetic semiconductors [J]. Solid State Communications, 2006, 140 (9-10): 405-409.

[160] SMIT J, BELJERS H C. Ferromagnetic resonance absorption in $BaFe_{12}O_{19}$, a highly anisotropic crystal [J]. Philips Res, 1955, 10: 113-130.

[161] QIAN K M, LIN Z H, DAI D S. New models for excitation of spin wave resonance [J]. Acta. Phys. Sin, 1983, 32 (12): 1547-1556.

[162] KOOI C F, WIGEN P E, SHANABARGER M R, et al. Spin-Wave resonance in magnetic films on the basis of the surface-spin-pinning model and the volume inhomogeneity model [J]. J. Appl. Phys, 1964, 35 (3): 791-797.

[163] REIMER J A, SCOTT B A, WOLFORD D J, et al. Low spin density amorphous hydrogenated germanium prepared by homogeneous chemical vapor deposition [J]. Appl. Phys. Lett, 1985, 46 (3): 369-371.

[164] LEW YAN VOON L C, SANDBERG E, AGA R S, et al. Hydrogen compounds of group-IV nanosheets [J]. Appl. Phys. Lett, 2010, 97 (16): 163114.

[165] LIU Y W, MI W B, JIANG E Y, et al. Structure, magnetic, and transport properties of sputtered Fe/GeFe/Ge multilayers [J]. J. Appl. Phys, 2007, 102 (6): 063712.

[166] MIZUTANI U, HASEGAWA M, FUKAMICHI K, et al. Magnetic, electronic, and electron-transport properties of amorphous$(Co_{0.85}B_{0.15})_{100-x}X_x$ (X = B, Al, Si, and V) alloys [J]. Phys. Rev. B, 1993, 47 (5): 2678.

[167] TEIZER W, HELLMAN F, DYNES R C. Magnetic field induced insulator to metal transition in amorphous-Gd_xSi_{1-x} [J]. Solid State Commun, 2000, 114 (2): 81-86.

[168] DIKEAKOS M, ALTOUNIAN Z. Temperature dependence of the resistivity of amorphous Fe-Co-Zr alloys [J]. Journal of Non-Crystalline Solids, 1999, 250: 786-790.

[169] DHEER P N. Galvanomagnetic effects in iron whiskers [J]. Phys. Rev, 1967, 156 (2): 637-644.

[170] LEE W L, WATAUCHI S, MILLE V L, et al. Dissipationless Anomalous Hall current in the Ferromagnetic spinel $CuCr_2Se_{4-x}Br_x$ [J]. Science, 2004, 303: 1647-1649.

[171] PU Y, CHIBA D, MATSUKURA F, et al. Mott relation for anomalous Hall and nernst effects in $Ga_{1-x}Mn_x$ as Ferromagnetic semiconductors [J]. Phys. Rev. Lett, 2008, 101: 117208.

[172] SONG S N, SELLERS C, KETTERSON J B. Anomalous Hall effect in (110) Fe/(110) Cr multilayers [J]. Appl. Phys. Lett, 1991, 59 (4): 479-481.

[173] XIONG P, XIAO G, WANG J Q, et al. Extraordinary Hall effect and giant magnetoresistance in the granular Co-Ag system [J]. Phys. Rev. Lett, 1992, 69 (22): 3220-3223.

[174] ZHU Z, OR S W, WU G. Anomalous Hall effect in quarternary Heusler-type $Ni_{50}Mn_{17}Fe_8 Ga_{25}$ melt-spun ribbons [J]. Appl. Phys. Lett, 2009, 95: 032503.

[175] QIN Z, LIU X D, LI Z Q. Anomalous Hall effects in Co_2FeSi Heusler compound films and $Co_2FeSi-Al_2O_3$ granular films [J]. J. Appl. Phys, 2012, 111 (8): 083919.

[176] XU W J, ZHANG B, WANG Q X, et al. Scaling of the anomalous Hall current in $Fe_{100-x}(SiO_2)_x$ films [J]. Phys. Rev. B, 2011, 83 (20): 205311.

[177] ZHANG S F. Extraordinary Hall effect in magnetic multilayers [J]. Phys. Rev. B, 1995, 51 (6): 3632-3636.

[178] MEIER H, KHARITONOV M Y, EFETOV K B. Anomalous Hall effect in granular ferromagnetic metals and effects of weak localization [J]. Phys. Rev. B, 2009, 80 (4): 045122.

[179] CHENG Y H, ZHENG R K, LIU H, et al. Large extraordinary Hall effect and anomalous scaling relations between the Hall and longitudinal conductivities in $-Fe_3N$ nanocrystalline films [J]. Phys. Rev. B, 2009, 80 (17): 174412.

[180] XIAO C, ZHOU H, NIU Q. Scaling parameters in anomalous and nonlinear Hall effects depend on temperature [J]. Phys. Rev. B, 2019, 100: 161403.

[181] YUE D, JIN X F. Towards a better understanding of the anomalous Hall Effect [J]. J. Phys. Soc. Jpn, 2017, 86 (1): 011006.

[182] LIU E, SUN Y, KUMAR N, et al. Giant anomalous Hall effect in a ferromagnetic kagome-lattice semimetal [J]. Nature Physics, 2018 (14): 1125-1131.

[183] HOU D, SU G, TIAN Y, et al. Multivariable scaling for the anomalous Hall effect [J]. Phys. Rev. Lett, 2015, 114 (21): 217203.

[184] VEDYAYEV A, RYZHANOVA N, STRELKOV N, et al. Influence of spin–orbit interaction within the insulating barrier on the electron transport in magnetic tunnel junctions [J]. Phys. Rev. B, 2017, 95 (6): 064420.

[185] XIAO D, CHANG M C, NIU Q. Berry phase effects on electronic properties [J]. Rev.

Mod. Phys, 2010, 82 (3): 1959.

[186] MANYALA N, SIDIS Y, DITUSA J F, et al. Large anomalous Hall effect in a silicon-based magnetic semiconductor [J]. Nat. Mater, 2004, 3 (4): 255-262.

[187] SIRCAR N, AHLERS S, MAJER C, et al. Interplay between electrical transport properties of GeMn thin films and Ge substrates [J]. Phys. Rev. B, 2011, 83 (12): 125306.

[188] SIMONS A, GERBER A, KORENBLIT I Y, et al. Components of strong magnetoresistance in Mn implanted Ge [J]. J. Appl. Phys, 2014, 115 (9): 093703.

[189] JIANG Z, KATMIS F, TANG C, et al. A comparative transport study of Bi_2Se_3 and Bi_2Se_3/yttrium iron garnet [J]. Appl. Phys. Lett, 2014, 104 (22): 222409.

[190] YANG A C, YAN S S, ZHANG K, et al. Rashba spin-orbit coupling enhanced anomalous Hall effect in Mn_xSi_{1-x}/SiO_2/Si p-i-n junctions [J]. RSC Adv, 2016, 6 (61): 55930.

[191] MATOS-ABIAGUE, FABIAN J. Tunneling anomalous and spin Hall effects [J]. Phys. Rev. Lett, 2016, 115 (5): 056602.

[192] BANERJEE S, ERTEN O, RANDERIA M. Ferromagnetic exchange, spin-orbit coupling and spiral magnetism at the $LaAlO_3/SrTiO_3$ interface [J]. Nat. Phys, 2013 (9): 626-630.

[193] NARAYANAPILLAI K, GOPINADHAN K, QIU X, et al. Current-driven spin orbit field in $LaAlO_3/SrTiO_3$ heterostructures [J]. Appl. Phys. Lett, 2014, 105 (16): 162405.

[194] LIN C H, CHANG T R, LIU R Y, et al. Rashba effect within the space-charge layer of a semiconductor [J]. New J. Phys, 2014, 16: 045003.

[195] CUMINGS J, MOORE L, CHOU H, et al. Goldhaber-Gordon. Tunable anomalous Hall effect in a nonferromagnetic system [J]. Phys. Rev. Lett, 2006, 96 (16): 196404.

[196] YIN C, SHEN B, ZHANG Q, et al. Rashba and Dresselhaus spin-orbit coupling in GaN-based heterostructures probed by the circular photogalvanic effect under uniaxial strain [J]. Appl. Phys. Lett, 2010, 97 (18): 181904.

[197] CAVIGLIA A D, GABAY M, GARIGLIO S, et al. Tunable Rashba Spin-Orbit interaction at oxide interfaces [J]. Phys. Rev. Lett, 2010, 104: 126803.

[198] LIN W, LI L, DOĞAN F, et al. Interface-based tuning of Rashba spin-orbit interaction in asymmetric oxide heterostructures with 3d electrons [J]. Nat Commun, 2019, 10 (1): 3052.

[199] MOSER J, MATOS-ABIAGUE A, SCHUH D, et al. Tunneling anisotropic magnetoresistance and Spin-Orbit coupling in Fe/GaAs/Au tunnel junctions [J]. Phys. Rev. Lett, 2007, 99 (5): 056601.

[200] TAO B S, JIANG L N, KONG W J, et al. Tunneling anisotropic magnetoresistance in fully epitaxial magnetic tunnel junctions with different barriers [J]. App. Phys. Lett, 2018, 112 (24): 242404.

[201] HURAND S, JOUAN A, FEUILLET-PALMA C, et al. Field-effect control of superconductivity and Rashba spin-orbit coupling in top-gated LaAlO$_3$/SrTiO$_3$ devices [J]. Scientific Reports, 2015 (5): 12751.
[202] GU Y, SONG C, ZHANG Q, et al. Interfacial Control of Ferromagnetism in Ultrathin SrRuO$_3$ Films Sandwiched between Ferroelectric BaTiO$_3$ Layers [J]. ACS Applied Materials & Interfaces, 2020 (5): 6707-6715.
[203] CHAMBERS R G. The 2-Band effect in conduction [J]. Proc. Phys. Soc. London, Sect, 1952, 65 (11): 903-910.
[204] SMITH R A. Semiconductor [M]. Camridge: Camridge University Press, 1978.
[205] FINKMAN E, NEMIROVSKY Y. Two-electron conduction in N-type Hg$_{1-x}$Cd$_x$Te [J]. J. Appl. Phys, 1982, 53 (2): 1052.
[206] XU Y Q, SU W F, NIE T X, et al. Hall resistivity of Fe doped Si film at low temperatures [J]. Appl. Phys. Lett, 2011, 98 (11): 112109.
[207] ZHOU S, BÜRGER D, HELM M, et al. Anomalous Hall resistance in Ge: Mn systems with low Mn concentrations [J]. Appl. Phys. Lett, 2009, 95 (17): 172103.
[208] KIM J S, SEO S S A, CHISHOLM M F, et al. Nonlinear Hall effect and multichannel conduction in LaTiO$_3$/SrTiO$_3$ superlattices [J]. Phys. Rev. B, 2010, 82 (20): 201407.
[209] ALEGRIA L D, JI H, YAO N, et al. Large anomalous Hall effect in ferromagnetic insulator - topological insulator heterostructures [J]. Appl. Phys. Lett, 2014, 105 (5): 053512.
[210] KUMAR Y, BERN F, BARZOLA-QUIQUIA J, et al. Study of non-linear Hall effect in nitrogen-grown ZnO microstructure and the effect of H$^+$-implantation [J]. Appl. Phys. Lett, 2015, 107 (2): 022403.
[211] PEI J, YANG A C, ZHANG K, et al. Hydrogen enhanced magnetization and exchange interaction in amorphous (FeCo)$_{0.70}$Ge$_{0.30}$-H films [J]. J. Alloys Compd, 2016, 658: 98-103.
[212] PETTINARI G, PATANÈ A, POLIMEN A, et al. Effects of hydrogen on the electronic properties of Ga(AsBi) alloys [J]. Appl. Phys. Lett, 2012, 101 (22): 222103.
[213] WATTS S M, WIRTH S, Von Molna'r S. Evidence for two-band magnetotransport in half-metallic chromium dioxide [J]. Phys. Rev. B, 2000, 61: 9621.
[214] ASHCROFT N W, MERMIN N D. Solid State Physics [B]. Harcourt College Publishers, 1970.
[215] TULAPURKAR A A, SUZUKI Y, FUKUSHIMA A, et al. Yuasa, Spin-torque diode effect in magnetic tunnel junctions [J]. Nature, 2005, 438 (7066): 339-342.
[216] MIWA S, ISHIBASHI S, TOMITA H, et al. Highly sensitive nanoscale Spin-Torque diode [J]. Nat. Mat, 2014, 13 (1): 50-56.
[217] KLEINLEIN J, OCKER B, SCHMIDT G. Using giant magneto resistance stripes to efficiently generate direct voltage signals from alternating current excitations [J]. Appl. Phys.

Lett, 2014, 104 (15): 153507.

[218] ZHU X F, HARDER M, TAYLER J, et al. Nonresonant spin rectification in the absence of an external applied magnetic field [J]. Phys. Rev. B, 2011, 83 (14): 140402.

[219] YAMAGUCHI A, MIYAJIMA H, ONO T, et al, Rectification of radio frequency current in ferromagnetic nanowire [J]. Appl. Phys. Lett, 2007, 90 (18): 182507.

[220] GUI Y S, MECKING N, ZHOU X, et al. Realization of a room-temperature spin dynamo: the spin rectification effect [J]. Phys. Rev. Lett, 2007, 98 (10): 107602.

[221] MCGUIRE T R, POTTER R I. Anisotropic magnetoresistance in ferromagnetic 3D alloys [J]. IEEE Trans. Magn, 1975, 11 (4): 1018-1038.

[222] MOODERA J S, KINDER L R, WONG T M, et al. Large magnetoresistance at room temperature in ferromagnetic thin film tunnel junctions [J]. Phys. Rev. Lett, 1995, 74 (16): 3273-3276.

[223] DING Z, CHEN B L, LIANG J H, et al. Magnetoresistance in Pt/Fe_3O_4 thin films at room temperature [J]. Phys. Rev. B, 2014, 90 (13): 134424.

[224] NAKAYAMA H, ALTHAMMER M, CHEN Y T, et al. Spin hall magnetoresistance induced by a nonequilibrium proximity effect [J]. Phys. Rev. Lett, 2013, 110 (20): 206601.

[225] XIONG C M, ZHAO Y G, XIE B T, et al. Unusual colossal positive magnetoresistance of the $n-n$ heterojunction composed of $La_{0.33}Ca_{0.67}MnO_3$ and Nb-doped $SrTiO_3$ [J]. Appl. Phys. lett, 2006, 88 (19): 193507.

[226] YANG D Z, WANG F C, REN Y, et al. A large magnetoresistance effect in $p-n$ junction devices by the space-charge effect [J]. Adv. Funct. Mat, 2013, 23 (23): 2918-2923.

[227] CHEN X M, RUAN K B, WU G H, et al. Tuning electrical properties of transparent p-NiO/n-MgZnO heterojunctions with band gap engineering of MgZnO [J]. Appl. Phys. Lett, 2008, 93 (11): 136-138.

[228] MAJUMDAR S, DAS A K, RAY S K. Magnetic semiconducting diode of p-$Ge_{1-x}Mn_x$/n-Ge layers on silicon substrate [J]. Appl. Phys. Lett, 2009, 94.

[229] XU R, HUSMANN A, ROSENBAUM T F, et al. Large magnetoresistance in non-magnetic silver chalcogenides [J]. Nature, 1997, 390: 57-60.

[230] XIE Y W, SUN J R, WANG D J, et al. Electronic transport of the manganite-based heterojunction with high carrier concentrations [J]. Appl. Phys. Lett, 2007, 90 (19): 192903.

[231] GUO S M, ZHAO Y G, XIONG C M, et al. Current-voltage characteristics of $LiNbO_3$/$La_{0.69}Ca_{0.31}MnO_3$ heterojunction and its tunability [J]. Appl. Phys. Lett, 2007, 91 (14): 143509.

[232] MITRA C, RAYCHAUDHURI P, DÖRR K. Observation of minority spin character of the new electron doped manganite $La_{0.7}Ce_{0.3}MnO_3$ from tunneling magnetoresistance [J].

Phys. Rev. Lett, 2003, 90 (1): 017202.

[233] ZHAO K, JIN K J, LU H B, et al. Electrical-modulated magnetoresistance in multi-p-n heterojunctions of $La_{0.9}Sr_{0.1}MnO_3$ and oxygen-vacant $SrTiO_3-\delta$ on Si substrates [J]. Appl. Phys. Lett, 2008, 93 (25): 252110.

[234] LU W M, SUN J R, WANG D J, et al. Interfacial potential in $La_{1-x}Ca_xMnO_3/SrTiO_3$: Nb junctions with different Ca contents [J]. Appl. Phys. Lett, 2008, 92 (6): 062503.

[235] ZHOU T F, LI G, WANG N Y, et al. Crossover of magnetoresistance from negative to positive in the heterojunction composed of $La_{0.82}Ca_{0.18}MnO_3$ and 0.5 wt% Nb-doped $SrTiO_3$ [J]. Appl. Phys. Lett, 2006, 88 (23): 232508.

[236] QU T L, ZHAO Y G, TIAN H F, et al. Rectifying property and giant positive magnetoresistance of $Fe_3O_4/SiO_2/Si$ heterojunction [J]. Appl. Phys. Lett, 2007, 90 (22): 223514.

[237] 秦羽丰. 锗基磁性半导体及其异质结的磁性与电输运性质研究 [D]. 济南：山东大学, 2011.

[238] PARISH M M, LITTLEWOOD P B. Non-saturating magnetoresistance in heavily disordered semiconductors [J]. Nature, 2003, 426 (6923): 162-165.

[239] JIN K J, LU H B, ZHOU Q L, et al. Positive colossal magnetoresistance from interface effect in p-n junction of $La_{0.9}Sr_{0.1}MnO_3$ and $SrNb_{0.01}Ti_{0.99}O_3$ [J]. Phys. Rev. B, 2005, 71 (18): 184428.